Le Mange-Tout主廚親授

# 法式料理的
# 美味指南

U0045906

希望大家最初先忠實地
依照我教的方式製作。
保證可以烹調得美味無比。

　　在家裡烹煮法式料理很困難？很麻煩？還要準備一大堆醬汁和配菜實在辦
不到？

　　本書將這些常見的煩惱全部解決了。書中大部分料理使用的工具為平底鍋
與鍋子。調味料則是鹽、胡椒與奶油，偶爾會用到葡萄酒醋。醬汁或配菜都無
須特地製作。這麼一來，是不是每天都有烹飪的動力了呢？這是因為書中這些
料理在法國也是日常的家庭料理。

　　書中介紹的料理乍看和「Le Mange-Tout」端出的菜色有所不同，但作法
及思維跟店裡的並無二致。我身為一名法式料理主廚接受培訓至今，持續透過
這些樸實的料理來完整傳授自己從中掌握到的「烹製美味料理之關鍵」，因此
希望大家都能在家裡製作看看。

料理的每一道工序都有其含義。我希望無意義的事情能免則免，而重要的事情則穩紮穩打。因此，我盡可能藉由豐富的照片來傳遞每項作業當中的「意義」，讓大家彷彿親臨我的廚房實際觀摩作法。首先，請各位按部就班製作，這麼一來，絕對可以烹調出美味的料理。若依自己的作法進行，可能導致每個步驟都出現些微「誤差」，使得最後的成品產生極大差異，成為完全不同的料理。

　　然而我認為食譜終究不過是「參考書」罷了。因此我在調味上會盡量簡樸，以便大家各自調製出自己喜愛的味道或香氣。要自行添加香草、要另加食材或調味皆無不可。若各位能多方延伸變化，烹調出屬於自己的味道，那將沒有比這個更令人開心的事了。

Le Mange-Tout

# 谷昇

# 目　錄

希望大家最初先忠實地
依照我教的方式製作。
保證可以烹調得美味無比。

## PART 1
# 煎煮

## PART 2
# 燉煮

## PART 3
# 蔬菜料理 &
# 甜點

【食譜的準則】

- 鹽是選用乾爽的天然鹽「伯方鹽・烤鹽」，奶油為無鹽款的「可爾必思（股）特選奶油」，初榨橄欖油則是使用「キヨエ（KIYOE）」的產品。

- 若無特別補充說明，材料表標示的重量包含捨棄不用的部分（外皮、芯、籽與皮膜等）。

- 平底鍋是使用鐵氟龍鍋。

# 本書的使用方法

在此介紹完全掌握本書食譜的方法，以便確實烹調出美味料理。

◉料理擺盤的範例。料理的前者色澤與質感等，不妨以照片中的狀態為目標。

◉盛裝熱食料理時，器皿如果也能事先加熱，品嚐起來會更加美味。

◉材料是2人份或方便製作的分量。和照片裡的擺盤可能會有些差異。

製作料理的材料表以及主廚針對有特殊建議之食材所做的解說，皆彙整於此。

主廚說明料理名稱的由來、美味的重點、主廚的想法、製作的訣竅、吃法的提案等。特別重要的部分會畫黃色底線，閱讀時請務必留心注意。料理名稱下方同時標註法語名稱。

作法列在照片下方，閱讀方式大致分為3大步驟。先快速瀏覽畫了黃色底線的標題，即可了解整體作法。接著在標題下方有更詳細的作法解說。再往下有對話框，框內用藍色字體補充主廚的建議或解說。此處收錄了許多一般食譜裡不會出現的重要事項，請務必實際運用。

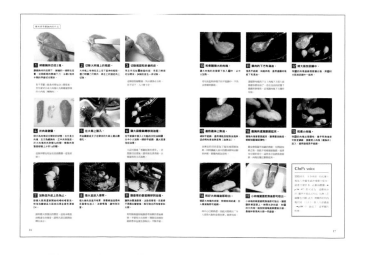

更深奧的訣竅或延伸變化的創意等，在作法裡未能盡述的內容則整理於此區做介紹。

# PART 1

# 煎煮

「煎煮」是料理中最簡樸且基本的技巧。

細聽食材因加熱而發出的聲音，

觀察煎煮的色澤，嗅聞飄散出來的香氣。

接著透過觸摸時的彈性來確認熟度，並嚐一下味道。

為了烹調出特別出色的美味，最好將五感發揮得淋漓盡致！

# 美味「煎煮」的 $5$ 大訣竅

無論是魚還是肉，煎煮的技巧都大同小異。原則上我煎煮時都是使用平底鍋，也就是一般家庭用的鐵氟龍鍋。我幾乎不用烤箱，雖然常有人說我唬人，但這是事實。只要照我教的方法做，一定可以煎得很美味。

## 1

### 僅於肉身撒鹽。
### 食材不同，作法不變

事先調味用的鹽，原則上**只撒在肉身，皮面不撒**。即使在皮面撒鹽，也會因為無法滲入而掉落，經過煎煮就會轉移到油裡而烤焦。若在這種「烤焦的油鹽」中煎煮，食材會沾上不好的味道。對我來說，這種情況是不容發生的。此外，肉身撒上鹽後，時間允許的話，請靜置15至30分鐘左右。鹽會滲入肉裡，如此便調味完成。

## 2

### 使用鐵氟龍平底鍋，
### 鍋子還沒熱就將食材放入也無妨

有很多人認為，平底鍋必須先熱鍋再放入食材。這是使用鐵製平底鍋時的作法。因為鐵鍋若沒有先確實熱鍋，食材就會沾黏在鍋上。而鐵氟龍平底鍋則無此必要。

食材放入熱騰騰平底鍋中的瞬間，應該會發出「啾」的聲音。這是食材釋出含蛋白質的水分瞬間蒸發的聲音。能在極短時間內煎好的牛肉與較薄的豬肉，或水分較多的蔬菜就另當別論，但如果要煎煮帶皮或塊狀的**肉或魚，最好不要先熱鍋**。尤其是肉身部位要溫和地加熱，希望煮到中心處都熟透卻又不會流失鮮甜的肉汁，因此慢慢提高溫度才是明智之舉。

為此，無論是肉還是魚，在煎煮前最好都先回溫備用。

# 3 即便食材不同，煎煮的原則都相同

**煎煮時必少不了油**。這是因為不是靠平底鍋的鍋面來煎，而是以加熱後的油為媒介逐漸煮熟食材。

具體來說，煎帶皮的食材要先在平底鍋中**倒入所需最低限度的油量，再讓皮面朝下開始煎煮**。外皮可以保護肉身，故可溫和地加熱。如果是煎豬肉或牛肉這類雙面都是肉身的食材，則**讓擺盤時要朝上的那一面朝下入鍋**。前後搖晃平底鍋，或是用油炸夾夾起肉塊讓鍋面布滿油，煎煮的同時要**讓食材底下時時保持有油的狀態**。

如果不搖晃平底鍋且靜置不動的話，又會如何呢？請用油炸夾夾起肉塊，觀察一下肉塊下方。沿著肉塊形狀下方的那片面積想必都沒油。繼續煎下去就會燒焦。煎煮料理時務必嚴守這項作業。

# 4 聆聽食材發出的聲音！

煎煮時，溫度也很重要。鍋裡發出的咻咻聲即為判斷基準。這是**食材釋出的水分遇油而噴濺蒸發所發出的聲音**。油溫如果過高，發出的聲音大且節奏快，油溫過低則會發出小且節奏慢的聲音。不再傳出聲音就表示食材裡的水分已經蒸散，接下來就很容易燒焦。煎煮的同時請像這樣**仔細聆聽食材發出的聲音**。聆聽這種聲音的變化，是我在煎煮時最大的樂趣呢。

# 5 煎肉與煎魚最大的差別在於要不要「淋油」

我煎煮帶皮的食材時，基本上只會讓皮面接觸平底鍋。這是因為我不希望細緻的肉身直接接觸將近200℃的高溫。因此，等下方煎至一定程度後，再舀取熱油澆淋來間接加熱肉身。如此一來，食材中心就會達到60～70℃，這個溫度足以讓蛋白質開始變質。

這項作業稱為「油淋法」。然而，**油淋法僅限於肉類**，不可用在煎魚上。這是因為淋油還有另一個重要目的，就是要讓溶入油裡的鮮味與蛋白質回歸到肉裡。換作煎魚，則會同時釋出魚腥味，因此絕對不能淋油。此外，淋油時油會噴濺，請特別注意。

煎雞腿肉一定要選帶骨雞腿肉！
骨髓會釋出鮮味，格外美味

# 香煎雞腿肉

Sauté de cuisses de poulet

## 沒醬汁也沒配菜，
## 法式家庭料理這樣就夠了

　　「法式烤全雞」是法式小酒館的經典料理。確實鎖住鮮味而濕潤多汁的雞肉，配上烤得酥脆可口又香氣四溢的外皮。只需不斷煎煮，樸實無華不用沾醬，請務必細細品味。在法國說到家庭料理也會想到它。沒有醬汁也沒有配菜，但這樣就夠美味了。

　　市售雞腿肉大多是切開去骨的狀態。但**如果真想吃得美味，絕對非帶骨雞肉莫屬**！請選用帶骨的雞腿肉。在煎煮的過程中，鮮味與膠原蛋白會從骨髓中一點一滴釋出並滲入肉中，大幅提升美味度。完成的口感也濕潤不已。然而，切忌求快而以大火加熱。絕對不要操之過急。

## 不同的肉質分開煎煮，料理就能很簡單

　　處理雞腿肉的最大特色是：**關節兩側的腿排肉和棒腿肉的加熱方法不同**。腿排肉的纖維較細緻，而外皮與肉身之間還有一層棘手的薄筋。我希望只加熱皮面就完成煎煮，但如果一開始就從外皮開始煎，那層薄筋會因為收縮而翹起。這時只需先稍微加熱腿排肉的肉身，即可避免翹起的問題。另一方面，棒腿肉是運動量大的部位，所以肌肉很發達，雖然布滿大量肌腱、筋和纖維而無比鮮美，但因為肉質不均，要煎得濕潤意外地不容易。想同時煎煮2種肉質各異的肉，又要兩者都達到最佳狀態，是不可能的任務！因此，我**從關節處切分成2個部分來煎**，藉此打造出易於加熱的狀況，料理起來簡單又美味。

材料（2人份）

**帶骨雞腿肉**（1支220g）…… **2支**
**鹽** …… **5g**
**沙拉油** …… **2小匙**
**馬鈴薯**（帶皮切成一口大小）…… **3個份**
**黑胡椒** …… **適量**

請務必使用帶骨雞腿肉，方能嚐到雞腿肉的醍醐味。只要到超市的肉賣場或肉鋪詢問，大部分都能買到。如果沒有，改用已經切開的腿排肉也無妨。這種時候的煎法不變。

11

香煎雞腿肉的作法

**1** 從關節分成腿排肉與棒腿肉。

棒腿肉朝左放置，確認位在內側脂肪塊稍微靠左側（棒腿肉）的關節。從關節處下刀即可輕鬆切分開來。

　棒腿肉與腿排肉的纖維方向與入鍋方式不同，所以分開來煎會比較簡單。

**2** 切斷腳踝處的肌腱。

從距離棒腿肉邊緣約2cm處下刀，繞一圈切斷肌腱。用刀尖將肉往邊緣靠攏，塑形成丸狀。

　又粗又強韌的肌腱如果不切斷，受熱時會大幅緊縮而拉扯肉塊，導致煎煮困難。

**3** 僅在腿排肉的肉身撒鹽。

在每片肉身均勻撒上1g的鹽。皮面不必撒。

**4** 棒腿肉的切面也撒上鹽。

每支棒腿肉的切面（肉身）都各撒上0.5～1g的鹽。手握住整塊肉順勢用力往外拉幾次來完成塑形。

**5** 稍微加熱腿排肉的肉身。

在平底鍋中倒入沙拉油以中小火加熱，緊接著將**3**的肉身朝下放入。加熱至表面變得稍微偏白為止。

　目的不在於煎熟，而是要微微加熱肉身與外皮之間的薄筋，以防在**6**煎煮時翹起來。

**6** 從皮面開始煎。

將**5**翻面，讓皮朝下煎煮。棒腿肉也入鍋。

　鐵氟龍平底鍋請勿事先預熱。此為煎煮帶皮雞肉時的鐵則。

**7** 讓下方布滿油，持續煎煮。

讓腿排肉最飽滿的部位抵著平底鍋的圓曲線，邊煎邊用油炸夾抬高肉塊，讓底下布滿油。棒腿肉煎出金黃色澤後，用油炸夾翻面，讓整體上色。

**8** 舀起熱油澆淋。

讓平底鍋傾斜，邊加熱邊用湯匙舀起熱油淋在雞肉上（此謂油淋法）。

　請小心避免被熱油燙傷。選用稍大的長柄湯匙比較安全。

**9** 放入馬鈴薯。

棒腿肉上色到一定程度後，將馬鈴薯倒入。搖動平底鍋，讓材料裹滿油來煎煮。

　把雞肉的美味湯汁也分享給馬鈴薯。放入1整顆帶皮的大蒜會更好！

**10** 確認腿排肉的熟度。

用手指按壓腿排肉，確認是否已經熟透且具彈性。煎至外皮呈引人垂涎的金黃色為止。

雞皮若沒有確實煎透就不好吃。請煎到酥脆噴香引人垂涎的狀態。

**11** 取出腿排肉。

腿排肉大致煎熟後便先取出。

帶骨的棒腿肉要煎熟比較費時。先取出腿排肉以免過熟，進入最後階段的煎煮時再放回鍋中。

**12** 撒入鹽，進一步煎煮。

撒入1g的鹽繼續煎，待馬鈴薯煎出金黃色澤後，再用竹籤刺入確認硬度。

馬鈴薯沒有平均受熱也無妨。色澤和硬度不均也無所謂。有的鬆軟、有的爽脆，這種層次不一的口感也是一種美味。

**13** 加熱小腿骨的四周。

棒腿肉的骨頭周圍若還有紅色血跡，就用熱油澆淋使其確實熟透。

**14** 放回腿排肉，進入最後煎煮。

將取出的**11**放回鍋中，甩動平底鍋煎至水分收乾為止。

從這個步驟起，想像是在鐵板上用油進行最後的加熱。

**15** 擦掉油分。

用廚房紙巾將多餘的油擦拭乾淨。

鮮味已經完全遍及雞肉與馬鈴薯，所以多餘的油會干擾味道，請擦拭乾淨。

**16** 調整馬鈴薯的煎煮色澤。

再多晃動數次平底鍋，將馬鈴薯煎出令人食指大動的金黃色。

我只觀察馬鈴薯的色澤。雞肉已經完全煎熟，所以無須在意。也要聆聽聲音，從**14**開始會因為油減少而產生變化。

**17** 熄火，撒入黑胡椒。

熄火，扭轉研磨器數圈撒入黑胡椒，快速翻動平底鍋，利用餘熱讓整鍋覆滿香氣。

等熄火後再撒入胡椒。如果有切細的荷蘭芹，和胡椒一起加入也很美味。

## Chef's voice

請仔細觀察煎好的雞腿肉切面。筋和肌腱應該都已經熟透而呈透明狀。這些是膠原蛋白。因為是雞活動頻繁的部位，所以肌肉才會這麼發達。只要確實加熱，雞腿肉的鮮味就會更加濃烈而美味不已。

雞胸肉吃起來都乾巴巴？才沒這回事。
煎煮完成後仍可保留原本軟嫩又濕潤的肉質

# 嫩煎香草雞胸肉

Suprêmes de poulet sautés aux fines herbes

## 不同的肉質集於一身，所以必須分開煎煮

　　大家常用的另一個雞肉部位，應該就是雞胸肉吧？比起
腿排肉，這裡是運動量較少的部位，因此肉質柔軟又濕潤。
雞胸肉幾乎沒有筋，同樣是雞肉卻「彷彿是另一種肉品」。

　　請試著回想一下。雖說是雞胸肉，但同一片肉的左右兩
邊是不是有一邊比較飽滿呢？左右邊的肉質其實不一樣。我
在香煎雞腿肉（→p.10）裡也曾提及，**肉質各異的肉要一起
煎煮又要顧及兩者的美味度，是不可能的！**這該如何是好
呢？和處理雞腿肉時的作法一樣，**分開來煎即可**。這道理很
簡單，卻非常關鍵。

## 只要確實煎煮，肉塊就會膨脹變大!?

　　那麼具體來說該怎麼做呢？雞胸肉的纖維排列方式不
一。大肉塊的纖維比較細，而且整齊朝向同一個方向排列，
所以口感非常細緻；而小肉塊（稱為嫩胸肉）的纖維排列方
向不一致，所以口感較粗柴。

　　因此，煎煮雞胸肉時，大小肉塊**放入平底鍋中的時間要
錯開**。煎法本身不難。只要遵照原則，就不會破壞肉塊的細
胞膜，把水分鎖於其中。這些水分膨脹後會讓肉塊變得圓鼓
鼓，體積變得比煎煮前還要大。請務必享受過程中的變化。

　　完整發揮食材煎煮前的性質而呈現軟嫩多汁的狀態，是
最理想的煎煮成果。刀子一切，就會看到雞肉內含的水分化
作透明水滴從切面滴滴答答地流淌出來。這些汁液就是法式
料理中常說的「原汁（jus）」，其可謂極品，請當作醬汁
沾取品嚐，一滴也別浪費。

**材料（2人份）**

雞胸肉（1片330g）…… 2片
鹽 …… 6g
沙拉油 …… 2大匙
大蒜（帶皮）…… 4瓣

◎香草
┌ 迷迭香 …… 2～3根
│ 百里香 …… 適量
└ 月桂葉 …… 10片左右

不希望直接釋出大蒜的味道和香氣時，
就以帶皮狀態來使用，讓大蒜味慢慢轉
移到油裡。這種帶皮的大蒜，在法語裡
稱作「ail en chemise」，意思是「穿著
襯衫的大蒜」。

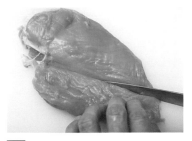

**1 將雞胸肉切成2塊。**

讓雞胸肉的皮朝下，細縮的一端朝右放置。從筋較粗的那端下刀，沿著2塊肉中間的界線切分開來。

我不喜歡1個食材裡包含2種要素。首先要切分成大肉塊以及靠雞翅那側的小肉塊（嫩胸肉）。

**2 切除大肉塊上的粗筋。**

大肉塊上有條從左上往下延伸的粗筋。握刀時讓刀刃朝外，將左上的筋從肉上切除。

**3 切除粗筋和多餘的皮。**

用左手拉扯 **2** 餘留的筋，用菜刀將筋切分開來。多餘的皮也一併切除。

這條筋堅韌難搞，所以請務必去除。若不切下，入口會卡牙。

**4 於肉身撒鹽。**

照片為肉塊切分開來的狀態。右方是大肉塊，左方為嫩胸肉，正中央則是筋。於大肉塊的肉身撒2g的鹽。嫩胸肉則雙面都撒上少於1g的鹽。

這個步驟也切忌在皮面撒鹽。這是原則！

**5 在大蒜上戳孔。**

用金屬籤或叉子在帶皮的大蒜上戳出數個孔。

**6 讓大蒜香氣轉移到油裡。**

在平底鍋中倒入2大匙的沙拉油與 **5**，以中小火加熱。傾斜平底鍋，讓大蒜浸泡在油裡。

大蒜可說是「普羅旺斯的香草」。若想提出香氣，請有如在蒸煮般，以極溫和的方式加熱。

**7 加熱至外皮上色為止。**

接著大蒜周遭會開始咕嚕咕嚕冒泡。待泡泡變細且大蒜皮出現金黃色澤就OK。

請聆聽大蒜發出的聲音。這是水噴進油裡產生的聲音，證明大蒜已經開始釋出水分。

**8 熄火並放入香草。**

熄火後先放進月桂葉，接著將迷迭香與百里香也放入。油會噴濺，請特別注意。

**9 讓香草的香氣轉移到油裡。**

讓熱油覆滿香草，沾染其香氣。百里香不再傳出聲音後，即可取出所有香草和大蒜。

利用餘熱溫和地讓香草高雅的香氣轉移。不要用大火快炒。殘留在油裡的細碎香草也要全部取出，半點不留。

**10 煎煮體積大的肉塊。**

讓大肉塊的皮面朝下放入 **9** 中,以中火加熱。

切勿放進熱得燙手的平底鍋中,不然皮會頓時緊縮。

**11 讓肉的下方布滿油。**

搖晃平底鍋,夾起肉塊,邊煎邊讓肉塊底下布滿油。

請觀察肉塊的下方!肉塊下方那片面積應該都沒油了。若在沒油的狀態下繼續煎會燒焦。必須讓肉塊下方隨時有油。

**12 將大蒜放回鍋中。**

待 **11** 的肉塊邊緣微微變白後,將 **9** 的大蒜放回鍋中一起煎。

**13 邊煎邊淋上熱油。**

傾斜平底鍋,邊用湯匙舀起熱油澆淋,逐步將肉身加熱至熟(油淋法)。

油淋法的目的是為了溫和地間接加熱,同時讓融入油中的雞肉鮮味回歸到肉裡,使雞肉更加美味。

**14 雞胸肉逐漸膨脹起來。**

隨後肉塊會膨脹起來,變得圓滾飽滿。輕輕按壓確認彈性。

雞皮會阻隔平底鍋的熱能,有間接加熱之效,因此不易破壞細胞膜,能將水分鎖於其中。這些水分加熱後會膨脹,肉塊也隨之膨脹起來。

**15 煎煮小肉塊。**

待 **14** 的肉塊出現彈性,幾乎煎熟後即可移至鍋緣,接著將小肉塊(嫩胸肉)放入,邊煎邊搖晃平底鍋。

**16 煎好大肉塊後即取出。**

確認大肉塊的皮面,煎得恰到好處、引人垂涎後即可起鍋。

肉中心已經熟透,因此只要煎出「令人食指大動的金黃色澤」就算完成。

**17 小肉塊雙面煎熟後即可取出。**

小肉塊的兩面都煎熟後即可取出。翻面讓煎煮面朝上。時間允許的話,和 **16** 的大肉塊一起放到溫暖處靜置幾分鐘。最後和香草與大蒜一同盛盤。

**Chef's voice**

閒暇時先一次全煎好,切成薄片後放入冷藏室或冷凍庫中保存,就會方便許多。沾裹油醋醬(➡ p.94、97)即可成為一道雞肉沙拉;雖然不是法式作法,但淋上芝麻醬也不賴。此外,將剛煎好的肉塊切成一口大小,放入大蒜濃湯(➡ p.88)中,就成了一道華麗的料理。

17

## 香煎豬排

煎豬排當選豬肩肉。不去筋也無妨

Sauté de porc

豬肉如果要直接煎煮，我偏好用豬肩肉。**短時間內以大火煎煮後，再藉著餘熱溫和地加熱**，如此一來裡面就會呈現漂亮的粉紅色，既軟嫩又多汁，一口咬下，美好滋味便擴散開來。這是因為豬肩肉是豬肉中胺基酸含量較高的部位，鮮味強烈，特別能感受到豬肉的美味。

請看一下右頁作法 **3** 的照片。1片肉裡含括了各種肉質對吧？老實說，我很想先將整塊肉解體再個別煎煮。但是我說服自己「這個部位的肉就是這樣」，所以原封不動地使用。豬肩肉處處布滿筋，但是**不必去筋**。因為去筋會破壞肉的細胞膜，導致內含的美味水分（肉汁）不必要的流失。餘留在平底鍋中的美味肉汁也是來自肉的恩惠。不妨作為醬汁，一滴不剩地享用！

**材料（2人份）**

**豬肩肉**（約1cm厚，1片170g）
⋯⋯ **2片**

**鹽** ⋯⋯ **多於3g**

**沙拉油** ⋯⋯ **1～1½大匙**

**黑胡椒** ⋯⋯ **適量**

**初榨橄欖油** ⋯⋯ **少量**

豬肩肉稍微有點厚度會比較好吃，所以至少要有1cm厚。如今只要拜託店家，連肉品賣場都能為顧客切成喜歡的厚度呢。

**1** 豬肩肉的兩面都撒上鹽。

在豬肩肉的兩面撒上鹽，每片撒1.5g，再輕搓使鹽入味。

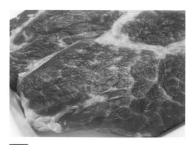

**2** 靜置5分鐘左右使其入味。

靜置片刻後，肉的表面就會因為滲透壓而滲出薄薄一層水分（肉汁），變得濕潤不已。不去筋也無妨。

> 這些水分飽含蛋白質。煎煮時一接觸到滾燙的熱油，蛋白質就會瞬間凝固，形成一層外膜。

**3** 加熱平底鍋後再放入肉片。

在平底鍋中倒入沙拉油以大火加熱，晃動平底鍋讓油溫上升。冒煙後（約200℃），將豬肉放入。

> 此時請加熱到會讓肉片發出「啾啾」聲的程度。

**4** 煎煮時盡量不移動肉片。

勤快地往肉片上淋油（油淋法），並用油炸夾夾起肉塊，讓鍋面布滿油來加熱。肉片盡量不要移動。

**5** 背面也要煎。

朝下那面煎出漂亮色澤後即翻面，澆淋幾次油來加熱。

> 煎煮程度要視最初朝下那面（擺盤時作為表面的那面）的色澤而定。豬肩肉是無法均勻煎煮的部位，所以就算有些煎煮不均也無妨。

**6** 取出肉片靜置。

背面也煎好後即取出，放到溫暖處靜置3分鐘左右，吸收肉汁。

**7** 最後煎煮時撒入黑胡椒。

瀝乾平底鍋的油後以中火加熱，將 **6** 放回鍋中。扭轉研磨器1圈撒入黑胡椒，再扭轉1圈撒在平底鍋中，帶出香氣。取出肉片，在溫暖處靜置幾分鐘。

> 煎煮前不得撒入胡椒！若想增添香氣，請在最後收尾時撒入。

**8** 用肉汁製作醬汁。

將 **7** 的平底鍋中餘留的少量肉汁倒入調理盆中，和橄欖油拌勻。將 **7** 的肉片切一切即盛盤，再淋上醬汁。

> 為了發揮豬肉的鮮味，只加入微量的橄欖油。僅作添香的程度。

## Chef's voice

切開煎好的肉片時，如果裡頭還半生不熟的話怎麼辦？只需將肉片切成大塊，再重煎一下即可。我認為在料理領域裡沒有所謂的「絕對」，畢竟「誰有權決定這種事嘛！」

直火和燒得滾燙的烤網可以把肉煎得美味可口

# 速烹牛排
## Steak minute

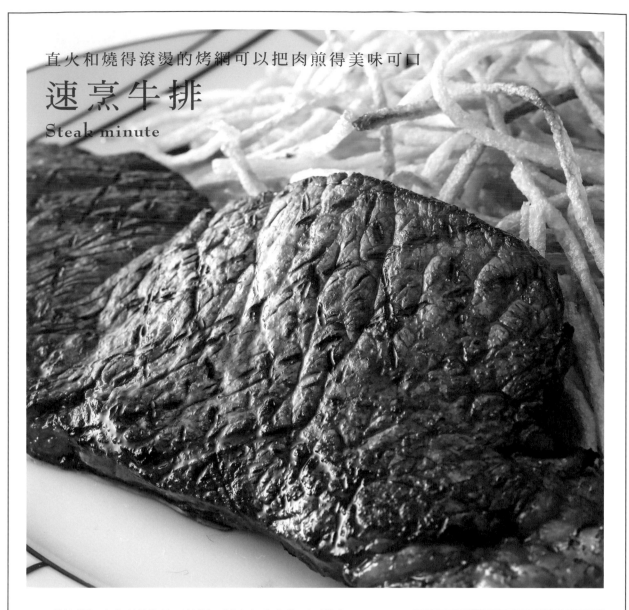

　　煎烤薄切牛肉真的快速又簡單。採取和牛肉塊不同的**烹調原則，在1分鐘內以大火瞬間烤成牛排，即是所謂的「速烹牛排」**。單面烤好後，翻面即完成。這種烤法不講究熟度。若以小火慢慢煎烤會過熟。也可以用熱得燙手的平底鍋來煎，但基本上我都是放在烤網上用直火烤──換句話說，是用**800℃左右的直火來烤**。用平底鍋煎的話大概是200℃。和用鍋子煎的相比，用烤網烤出的牛排，不但香氣截然不同，還帶有令人垂涎欲滴的色澤。這是因為高溫燒烤可以讓蛋白質瞬間「焦化」。牛排這種料理大可帶著「全交給烤網處理」的心情來製作。為此，**必須在烤網徹底燒得通紅後才將肉片放上，這點特別關鍵**。

### 材料（2人份）

牛肩肉（1片270g）…… 2片
鹽 …… 4g
初榨橄欖油 …… 少量

◎法式薯條
　馬鈴薯 …… 適量
　油炸用油 …… 適量

所謂的法式薯條，是將馬鈴薯切成細長的棒狀，再炸得酥酥脆脆，是我最愛的牛肉佐餐。也很推薦搭配烤牛排（➡ p.32）。用叉子不太方便食用，請直接用手拿。

**1** 切下牛肉的脂肪與筋。

沿著牛肩肉的外形，將周圍的脂肪與筋切除。

**2** 塑形。

緊縮變窄的那側餘留少許脂肪，即完成塑形。淨重剩180g。塑形後的形狀又有「紐約客牛排」之稱。

**3** 撒鹽入味。

在**2**的兩面撒上鹽，每片撒2g，輕抹使其入味並靜置片刻。

快把「撒上鹽與胡椒來煎烤」這種說法拋諸腦後吧！尤其是煎烤前，嚴禁撒上胡椒。因為在煎烤過程中一定會燒焦。請在最後階段才撒上。

**4** 在牛肉上塗抹橄欖油。

在**3**的兩面滴上少量橄欖油，抹開形成薄膜。

這層油是為了防止牛肉沾黏在烤網上。我希望使用最小限度的量，所以只需要足以在表面抹上薄薄一層的量即可。

**5** 加熱烤網後將肉片擺上。

以大火加熱烤網，直到變得通紅才將**4**擺上。

如果家裡有，建議使用鐵製煎烤盤。不但可以達到更高溫度，在轉瞬間完成燒烤，還能烤出漂亮的紋路。

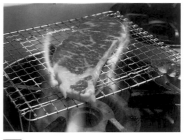

**6** 於短時間內燒烤。

烤20秒左右後，將肉片旋轉90度，再烤20秒左右。讓烤出的紋路呈格子狀。

總之，以大火迅速燒烤比考慮熟度更重要！

**7** 翻面後依循**6**的方式燒烤。

背面也在短時間內烤出格子狀的紋路。

網格紋之間的肉若能烤成一分熟狀態最完美！

**8** 最後燒烤脂肪部位。

牛肉烤好後用油炸夾夾起來，在**2**預留的脂肪部位稍微炙燒一下。盛盤後佐上法式薯條。

## Chef's voice

我不建議使用附溝槽設計的平底鍋型煎烤盤。因為油脂會在煎烤過程中滴落並聚集在溝槽內，產生的味道會讓牛肉變臭。

酥脆的外皮和濕潤多汁的肉身。
只要能煎出這種層次感，就堪稱完美！

# 烟煎真鯛

Pavé de dorade poêlé

---

## 煎一煎就完成，
## 這種簡樸的經典魚料理的美味在於？

　　說到法式小酒館的魚料理，就會想到烟煎白肉魚。所謂的烟煎，現在一般都是指用適量的油在平底鍋裡煎。在家裡烹調時，如果有魚肉塊可運用就能輕鬆製作。醬汁或配菜都不需要。我這次也只附上檸檬。魚才是主角，請將注意力集中在如何順利煎魚上。**如果裡外完全熟透而使整體變得乾柴的話，就表示煎失敗了。**

　　**外皮酥脆，而肉身濕潤得令人驚豔**——這是我心目中最理想的煎魚狀態。**僅中心處的5mm是半熟狀態，刀子一切，鯛魚肉汁就會滴下來。如果能完成這種帶層次感的味道，就算成功！**鯛魚的皮特別厚實，請徹底煎得酥酥脆脆。

## 煎魚時不得淋油。
## 這是和煎肉最大的差別！

　　要怎麼做才能煎出這樣的狀態呢？方法和處理雞肉的時候一樣。只需讓皮面朝下，以中火慢煎即可。唯有一點最大的差異，就是**煎魚時請勿淋油**。雞肉會釋放出飽含鮮味的水分到油裡，而魚卻是釋出帶腥味的水分。好不容易排出腥味，絕不可再淋油而把腥味又帶回魚肉裡。若覺得煎的油有腥味，請用廚房紙巾不斷擦拭，再倒入新油。

　　另外還有一個重點。說到「把皮煎得酥脆」，**有些人會用鍋鏟等來按壓，但我希望各位別這麼做。**因為魚的肉身軟嫩，如果崩散開來會導致水分流失而變得乾柴。

**材料（2人份）**

真鯛（切塊）…… 2塊
鹽 …… 2g
初榨橄欖油 …… 適量
檸檬 …… 適量

**1 仕真鯛的肉身撒鹽。**

在每塊真鯛的肉身撒上1g的鹽,靜置10分鐘左右。

和煎肉時一樣,皮面不撒鹽。魚肉相當柔軟,所以請勿搓揉,若有損傷會導致魚肉崩散。

**2 進行煎煮。**

在平底鍋中倒入1大匙的橄欖油以中火加熱,緊接著將**1**的皮面朝下並排放入。

平底鍋不需要預熱。要避免魚入鍋時因高溫而發出「啾」的聲音。

**3 前者時讓底下布滿油。**

用油炸夾夾起**2**,搖動平底鍋,煎煮時要讓下方一直保持有油的狀態。

魚肉有時會因為特別新鮮或肉質狀況,而導致煎的時候翹起來。這種時候請善用平底鍋的鍋緣來煎,以達到塑形之效。

**4 擦掉散發出魚腥味的油。**

油散發出魚腥味或油色混濁時,用廚房紙巾將油擦拭乾淨。這時魚腥味已經轉移到油裡。

像鱈魚這類會釋出大量水分的魚類更要特別注意。

**5 倒入新油,繼續煎煮。**

倒入橄欖油,以相同方式繼續煎。不時夾起魚肉確認皮的煎煮狀況。切忌淋油。

不要淋油是煎肉與煎魚的最大差別。煎魚時,腥味會釋放到油裡,所以絕對不能再淋回去。

**6 煎煮還沒熟的部位。**

正中央較厚的肉身如果還沒煎熟,就讓該部位貼合平底鍋的鍋緣,集中煎烤。

**7 煎到外皮酥脆為止。**

擦掉平底鍋裡的油,補加新油。待啪滋啪滋的聲音變小,即表示皮已經煎得酥酥脆脆。

皮煎好而水分變少後,聲音也會隨之變小。在這個階段魚肉有3分之2的面積已經變白。

**8 翻面,利用餘熱煎煮肉身。**

熄火後翻面,肉身加熱3秒左右。發出吱吱聲後即可翻面,用手指輕壓來確認彈性。

務必熄火後才將肉身翻面。此時不是要煎煮,而是要靠餘熱讓多餘的水分蒸發。

**9 再度利用餘熱,調整熟度。**

如果魚肉彈性不足則再度翻面,利用餘熱再加熱煎一下即完成。盛盤後佐上檸檬。

## Chef's voice

魚肉的厚度、纖維的品質或排列方向各異的部位，即使一起加熱也無法煎得漂亮，這點我在煎肉時也提過。取得半邊的魚肉後，請大致切分成4個部位，分別烹煮來享用其美味。在此以鯛魚為例來說明。

此外，雖然統稱為魚塊，但有些切塊的形狀類似便當裡的鮭魚。這種魚塊是縱向薄切半邊魚肉而成。此種形狀無法讓皮面朝下煎煮，而且同一塊肉裡還混雜了不同的肉質，因此不適合燜煎。遇到這種狀況最好將皮與肉身分別烹煮，再拼湊成盤。魚肉較薄，因此單面各加熱15秒左右就夠了。擠檸檬時，請將果皮部分朝下，好讓油帶著檸檬皮的清爽香氣注入料理之中。

**1** 沿著鯛魚中央的側線切分成兩半。

**2** 上半部位切成3等分，下半部位則切對半。

**3** 切成5份的狀態。右方2塊與左上2塊適合燜煎。

## 【如果是不適合燜煎的魚塊】

**1** 像上述作法 **3** 左下那種不適合燜煎的魚塊，要先將魚皮撕下並切成絲狀。肉身則切成生魚片的大小。

**2** 煮沸熱水並加入稍多的鹽，再將魚皮放入。快速汆燙去除腥味，泡冰水後徹底擦乾水分。

**3** 於肉身整體撒鹽。在平底鍋中滴入橄欖油以中火加熱，將魚肉並排放入。

**4** 晃動平底鍋讓魚的下方布滿油。煎15秒左右即翻面。

**5** 擠入檸檬汁覆滿魚肉。魚肉盛盤後再將 **2** 擺上。

讓魚肉裹上薄薄一層清透的麵粉，
是煎魚的一大竅門

# 法式嫩煎鮭魚

*Saumon à la meunière*

所謂的法式嫩煎法（meunière），是將食材先沾裹麵粉，再用平底鍋煎煮的烹調法。這和裸煎食材的燜煎法（➡ p.22）不同，最大的差異就在於**外面裹了一層麵衣，所以味道和香氣俱鎖其中**。那麼，各位認為法式嫩煎法最重要的是什麼呢？是煎得酥酥脆脆嗎？不是的。關鍵在於**麵粉能裹得多薄**。先沾裹大量麵粉後再確實拍除。

這層外衣，必須是極細緻又輕透的薄麵衣。原因我在燜煎時也曾提到：因為魚會釋放出帶腥味的水分。如果是幾近透明的薄麵衣，仍可將水分排出，但如果麵衣厚實，則會不斷吸水，導致魚皮無法煎得酥脆。魚肉容易煎焦，所以從平底鍋尚未加熱的狀態開始煎煮也是一大重點。

**材料（2人份）**

鮭魚（切塊，100g）…… **2塊**
鹽 …… **2g**
高筋麵粉 …… **適量**
沙拉油 …… **適量**

這道用了麵粉的料理，命名源自法語的「meunier」，意思是「麵粉鋪」。亦可佐檸檬或手作調味料（➡p.50）。

**1　在鮭魚的肉身撒鹽。**

在每塊鮭魚切片上撒1g的鹽，較厚的撒多一點，較薄的魚肚（腹肉）則撒少一些。輕抹使鹽滲入，靜置約10分鐘。

鮭魚肉十分軟嫩，所以切勿搓揉。堅硬又銳利的鹽巴結晶易導致肉身崩散。這是絕對不允許的！

**2　在鮭魚上抹薄薄一層麵粉。**

在調理盤裡倒入麵粉，放入 **1** 並抹滿整體。用手確實拍掉多餘的麵粉，只沾覆極薄的一層。魚皮也別忘了裹粉。

用粒子極細的麵粉覆蓋，形成極薄的1層膜。

**3　進行煎煮。**

在平底鍋中滴入沙拉油以中小火加熱，緊接著將 **2** 的魚皮朝下並排放入。邊煎邊搖晃平底鍋。

麵粉很容易燒焦，所以要特別注意。火候要小一點，避免魚煎熟前麵粉就先燒焦。

**4　擦掉散發出魚腥味的油。**

油散發出魚腥味或油色混濁時，用廚房紙巾將油擦拭乾淨，補足少量新油後繼續煎。

反正我就是討厭魚腥味！尤其是大西洋鮭的脂肪腥味特別重，請勤快地擦拭乾淨。

**5　煎到魚皮變得酥脆為止。**

將皮面的麵粉煎至上色且出現彈性。請維持鍋中啪滋啪滋的聲響。

這個聲音在煎煮時至關重要。其表示水分從魚中釋出並接觸到油。加熱至此後，接下來要好好集中精神完成麵衣和魚肉這2層的煎煮！

**6　煎煮魚皮的邊緣和側面。**

讓 **5** 橫躺，以相同方式煎煮魚皮的邊緣與側面。另一面的側面也要煎。

這時會再度傳出水分釋出的啾啾聲。採用法式嫩煎法會有一層麵粉薄膜的保護，所以肉身也能直接煎。但是不能煎過頭。

**7　徹底煎煮魚皮。**

用油炸夾讓魚皮朝下，煎至酥脆為止。用手指按壓側面和上面來確認熟度。

觀察上方最飽滿的部位，若水分釋出而呈濕潤狀態，就表示差不多煎好了。

**8　煎煮最飽滿的部位。**

用油炸夾夾起魚肉，讓上方最飽滿的部位朝下煎煮。用廚房紙巾將油擦拭乾淨，熄火後用餘熱溫和地加熱肉身。

刀子一切下，水分就會滴出來，這就是理想的煎煮狀態。

## Chef's voice

年輕時，有個前輩曾說：「煎好的魚塊擺在2根手指上的時候，必須能夠筆直地往橫向呈一字型。」因此我對法式嫩煎法的認知，就是要將麵粉煎至定型，且魚塊要有如裝了鋼筋似地筆直。在煎煮過程中，原本軟塌的鮭魚會如下方照片所示，漸漸變得筆直。

裏上厚實的麵包粉煎炸而成，
享用揉合為一體的口感

# 酥炸牛排

Entrecôte
de bœuf panée

酥炸牛排是沾裏麵包粉煎炸而成，**麵衣有厚度，所以可將食材原味確實封存其中，和麵包粉的香氣合而為一**，形成的美味和直接燒烤的牛排迥異。考慮到和麵包粉之間的平衡，肉要有一定的厚度，最好準備至少1cm厚的肉片。

「煎炸」和油炸截然不同。這種煎法是讓肉片的上方露出油面，煎的時候會在油上滑動而非浮在油上。煎的過程看不到裡面的肉片，所以**格外重視麵衣的色澤**。煎出香氣四溢的美味色澤即完成。花不到1分鐘的時間。成品雖像油炸物，卻十分爽口不油膩。必須使用沒用過的乾淨油品。依個人喜好用核桃油或橄欖油等來增添香氣應該也不錯。

**材料（2人份）**

牛肩肉（1片100g）…… **2片**
鹽 …… **3g**

**◘麵衣**

- 高筋麵粉 …… **適量**
  蛋液 …… **適量**
- 麵包粉（粗末）…… **適量**
沙拉油 …… **適量**

牛肩肉是已經仔細去除牛筋後的重量。牛筋在咬的時候會在唇齒間滑來滑去，所以請毫不猶豫地取出，運用在熱炒或燉煮料理中。

**1** 在牛肩肉的兩面撒鹽。

在牛肩肉的兩面撒上鹽，每片撒1.5g，用手輕抹使鹽滲入。

絕對不可以撒胡椒。所有油炸料理都一樣。胡椒在麵衣裡燜過之後味道會變調。最好炸好後再撒上。

**2** 抹上薄薄一層麵粉。

在調理盤裡倒入麵粉，放入**1**並抹滿整體。用手確實拍一拍，使其覆上極薄的一層粉。

和法式嫩煎（➡p.26）的作法一樣，裹粉要非常非常薄。切勿一直抹而抹得太厚。

**3** 沾裹蛋液。

讓**2**在蛋液裡翻轉，均勻沾裹後即可拿起肉片，不必瀝乾蛋液。

**4** 沾裹麵包粉。

將**3**放進麵包粉中並按壓，讓肉片確實沾裹。

法國都是使用篩過的細麵包粉，但我認為煎得像炸豬排那樣酥脆是很重要的，所以習慣使用粗粒麵包粉。

**5** 沾裹第2次麵包粉。

和**3**一樣再沾一次蛋液後放進麵包粉中，將麵包粉從上方大量撒上。用手包覆肉片，讓麵包粉豎立起來沾附在肉上。

看起來就像沾附在第1次裹的麵包粉的縫隙之間。

**6** 開始煎炸。

在平底鍋中倒入沙拉油，加熱至180℃左右。油量約略可讓肉片露出來即可。

油溫確實加熱到入鍋瞬間會發出啾啾聲為止。但要避免熱到冒出煙來。

**7** 讓底下布滿油來煎炸。

靜置不動煎5秒左右，麵衣定型後再用油炸夾夾起牛肉，讓底下布滿油來煎炸。

為了避免麵衣直接接觸平底鍋而燒焦，時時讓麵衣底下保持有油的狀態是很重要的。

**8** 背面也要煎。

確認底部已煎出令人垂涎的色澤後即翻面。背面也依同樣方法煎炸。

因為看不到麵衣裡肉片的狀態，所以只靠煎炸色澤來判斷。

**9** 靜置。

待兩面都煎出令人垂涎的色澤後，取出放到調理盤內，靜置片刻。切開後即可盛盤。

油炸時間為1分鐘，炸出五分熟又多汁的成品

# 酥炸帆立貝

## Noix de Saint-Jacques panées

「油炸」這種烹調法，是讓食材浮在油中，好讓整體均勻受熱。帆立貝是可以直接生吃的食材，而且只要稍微過熟肉汁就會頓時消失殆盡，所以利用麵包粉製成麵衣包覆起來，以偏高的油溫快速炸1分鐘左右即可撈起。裡頭雖然還是生的，但餘熱會從周圍加熱，因此刀子一切下，**外側半熟多汁，而裡面還是生的。完成具層次感的熟度最為理想。**冷凍的帆立貝特別容易出水，用平底鍋煎煮並非易事，所以建議油炸。

在沾裹麵包粉前先讓整體確實覆上薄薄一層麵粉。若在這個步驟偷懶，會陷入「蛋液無法沾附→麵包粉無法沾附」的惡性循環中。

**材料（2～3人份）**

**帆立貝貝柱 …… 10個**

**◇麵衣**

- **麵粉 …… 適量**
- **蛋液 …… 1顆份**
- **麵包粉 …… 適量**

**油炸用油（沙拉油）…… 適量**

**檸檬（切成月牙狀）…… 1個**

**1　在帆立貝上抹薄薄一層麵粉。**

在調理盤裡倒入麵粉，放入帆立貝貝柱並整體大量抹粉。用左手拍落多餘的麵粉，使其僅覆上薄薄一層。

不像法式嫩煎（➡p.26）那樣薄到極點也沒關係。重點在於整體確實沾裹。

**2　沾裹蛋液。**

將**1**放入蛋液中，用右手翻轉使整體均勻沾裹。

**3　沾裹麵包粉。**

將**2**放在麵包粉上，用左手將整體抹滿使其附著。

**4　開始油炸。**

在油炸鍋中倒入油炸用油，加熱至170℃左右後，將**3**放入。

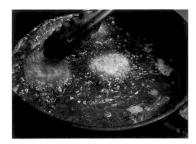

**5　翻面。**

待下方炸至微微上色後即翻面。

**6　炸出較深的色澤後即可取出。**

待整體炸出較深的色澤後，用油炸夾夾起放入濾網中瀝油。從入油鍋到夾起為止約1分鐘。盛盤後佐上檸檬。

咀嚼時在嘴裡擴散的鮮味，才是烤牛排的醍醐味。
只要慢慢地、細心地煎烤，再確實靜置即可

# 烤牛排

Rosbif

---

## 烤牛排絕對要用油花少的瘦肉！

煎牛排時不必想得太困難。畢竟就像韃靼生牛排一樣，牛肉本來就是生食也很美味的食材。所以不必在意熟度，粗略煎一煎就行。

煎得美味的關鍵在於，肉質不同的部位不要一起煎。尤其煎肉塊的時候，周圍如果有筋分布，有些部位就會變硬，或是受到纖維拉扯而不美味，所以還是確實去除為佳。既然特地準備了牛肉，當然希望品嚐最美好的滋味。還有，請將注意力放在接觸鍋面的部位，平底鍋與食材之間要保持有油的狀態，煎的同時要聆聽食材所發出的聲音。

牛肉要直接煎時，我一定會**選用油花少的瘦肉**。烤牛排的醍醐味就在於咀嚼時的鮮味。要想品嚐這份滋味，瘦肉再適合不過了。油花分布多的高脂肪牛肉一煎就會縮小，無法將我認知中的「煎烤」美味發揮出來。

## 不要使用烤箱。用平底鍋做最後的煎烤

應該有不少人認為，烤牛排要先用平底鍋煎煮表面鎖住肉汁，接著再用烤箱做最後烘烤。但是我這道烤牛排依舊只用平底鍋來收尾。完全沒必要用大火一口氣煎煮封存肉汁。這樣口感會變得硬梆梆反而不好吃。**用中火慢而確實地煎烤，使中心5mm處半熟即可**。為了讓任何人都能方便製作，本書一律使用平底鍋，不過如果回歸「燒烤」的原點，像速烹牛排（➡p.20）那樣放到烤網上，以微弱的直火不疾不徐地全面烘烤，香氣會更加迷人且美味絕倫。

<table>
<tr><td colspan="2">材料（方便製作的分量）</td></tr>
<tr><td>牛肩肉塊<br>（已去除多餘脂肪與牛筋等➡p.35）<br>…… 460g</td></tr>
<tr><td>鹽 …… 4g</td></tr>
<tr><td>沙拉油 …… 適量</td></tr>
</table>

前一天～數小時前

**1** 在牛肉上撒鹽使其滲入。

在牛肩肉塊的上下方撒鹽，用手輕抹使其滲入。不必全面撒鹽。

撒鹽時要先思考，確保切開後每塊肉片的鹽味均勻分布。

**2** 在冷藏室裡發酵。

用乾的廚房紙巾輕輕覆蓋，放在冷藏室中發酵數小時至半天，讓鹽味滲透進去。

牛肉幾乎不會釋出肉汁，所以用廚房紙巾無妨。不可用保鮮膜覆蓋是因為會濕悶。

隔天

**3** 牛肉恢復至室溫，開始煎烤。

從冷藏室中取出 **2**，靜置30分鐘左右使其恢復至室溫。在平底鍋中滴入沙拉油以中火加熱，再將 **2** 擺上去。

我希望能「細細煎烤」，而非用高溫快速煎烤表面來封存肉汁，所以沒必要先加熱平底鍋。

**4** 煎的同時讓底下布滿油。

用油炸夾夾起肉塊或搖晃平底鍋，讓肉塊下方一直維持有油的狀態來進行全面煎烤。

牛肉肉質極其細緻，也不易釋出水分，所以煎烤過程的聲音不大。也因為肉質纖細，請小心處理以免造成損傷。

**5** 過程中要確認油的狀態。

平底鍋中的油會隨著煎煮開始變濁。必須確認混濁與否。

**6** 擦掉混濁的油。

用廚房紙巾將混濁的油與鹽擦拭乾淨。

牛肉幾乎不會放出帶鮮味的水分。這些髒污是脂肪與鹽。若是放著不管，鹽的澀味會很明顯，並殘留粗糙的口感，所以必須擦拭乾淨。

**7** 倒入新的沙拉油繼續煎。

將新的沙拉油倒入平底鍋中，一樣要讓底下布滿油來進行煎煮。

用新鮮的油最好。尤其是有鹽掉入的油請擦拭乾淨，再倒入新油。

**8** 反覆全面煎煮。

重複 **4**～**7** 的作業煎煮每一面。中途用油炸夾立起肉塊，讓側面也確實煎煮。

如果光是煎煮兩面，那吃到側面部位的人就太可憐了。請一視同仁地確實煎煮每一面。

**9** 確認煎煮熟度。

完成品的目標是一分熟。用手指輕壓肉塊來確認。一分熟的判斷基準是，按壓時只有一處會像火山般湧出血水。

如果四處都溢出血水表示是五分熟。煎完後還要靜置，所以五分熟有點過熟了。這項測試只有1次機會。

**10** 煎好後即取出。

在 **9** 確認已經煎好後即可取出。

如果想要有胡椒香，就在剛煎好的這個階段現磨撒入。這是為了將胡椒的香氣發揮出來，並且避免因為煎煮而燒焦。

**11** 放到溫暖處靜置。

放在烤箱附近等溫暖之處，靜置8～9分鐘。切一切即可盛盤。

因為是牛肉塊，請大家放久一點讓肉塊充分休息。餘熱會加熱到中心處，肉汁也能吸收進去。

## Chef's voice

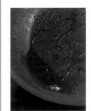

請觀察煎完肉的平底鍋！裡面只殘留油和脂肪。釋出的並非肉汁（原汁）。正如各位所看到的，牛肉是不太會釋出汁液的肉，所以即便沒有煎烤封存肉汁也沒關係。我是說真的。

# 如果有整塊牛肩肉

千萬不要心存整塊肉直接拿來煎成烤牛排的想法。請將肉塊切分成幾個部位，因應料理或目的毫不浪費地善加運用，以烹調出最美味的料理。牛肩肉內含2層脂肪。烤牛排用的是去掉脂肪與筋的牛肉塊，而速烹牛排則是使用厚度1cm左右的牛肉片。此外，不同的肉質最好切分開來運用，比如將筋多的部位切成薄片烹製成燒肉，而剩餘的脂肪則製成牛油。

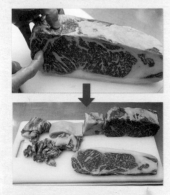

依此法解體肉塊！這個程度的切工亦可拜託肉鋪或超市幫忙切割。

**1** 割下第1層厚厚的脂肪。將手指用力塞進脂肪與肉中間稍微剝開，再用菜刀輕輕切下筋與脂肪。

**2** 用左手用力拉開脂肪。

**3** 左手往上提，將肉翻過來，菜刀進一步往內切入，讓脂肪分離。

**4** 幾乎繞一圈將脂肪層切下。

**5** 讓第2層薄薄的脂肪朝上放置，將手指塞進脂肪與肉中間稍微剝開，用菜刀沿著肉與脂肪的交界往內割，將肉切開來。

**6** 刀刃朝右握持，將餘留的脂肪切下。

**7** 取 **4** 切下的脂肪，將牛筋密布的2個部位切下來。脂肪較多的部位再適度切除脂肪即完成塑形。

**8** 刀與纖維呈直角，切成薄片，用鐵網烤成燒肉就很美味。

**9** 筋較多的部位也先適度切除脂肪。這部位也一樣讓刀與纖維呈直角切成薄片，建議熱炒或用鐵網烤成燒肉。

靠一把平底鍋完成煎烤，
是一道多汁且保證美味的宴客料理

# 烤全雞

Poulet rôti

## 掏空的雞腹是加熱的關鍵

　　這是我在亞爾薩斯三星級餐廳工作時的事情。我那時每個周末都會固定拜訪一家葡萄酒釀造廠，那家人時常烹調來招待我的料理就是烤全雞。老闆會將烤全雞大卸八塊，方便大家品嚐自己喜歡的部位，對我而言是一道充滿回憶的料理。

　　整隻雞裡集結了多種加熱法各異的部位。我常說「肉質不同的部位不要一起煎煮」，然而烤全雞這道料理的烹調手法卻和這種思維完全相反。雖然這道料理放棄分別烹調出各部位的美味，但仍**具備烤全雞才嚐得到的美味，既軟嫩又多汁**。能如此成就，靠的就是取出內臟後掏空的腹部。雞的外側是用平底鍋直接煎烤，所以燙得連碰都碰不得；而內側則是慢慢加熱到50～70℃後，空氣便會產生對流，藉此緩慢而溫和地烘烤。**未經高溫封存肉汁，烤得鬆鬆軟軟，骨頭會滲出骨髓液，一支解開來美味肉汁就涓涓流出。**

## 依雞腿肉的熟度來確認煎烤狀況

　　那麼應該從何處觀察是否已經烤好了呢？請將目光鎖定在雞腿肉。這個部位要烤熟比較費時，所以只要雞腿肉烤到恰到好處就沒問題。雖然雞胸肉會太熟，但是熟透也不減其美味。

　　當然也可以用烤箱來烤全雞，不過我認為**如果已經練得得心應手，用平底鍋來煎絕對比較美味**。老實說，要判斷是否烤好了著實不易。唯有在多次失敗中學習方能精進。這種看不到肉類內部的料理，經驗尤其重要。

| 材料（1隻雞） |
| --- |
| 全雞（掏空內臟）…… 1隻（1100g） |
| 鹽 …… 10g |
| 沙拉油 …… 適量 |

**1** 切下脖子。

翻開脖子處的皮，用菜刀分別從脖子左右兩側斜向切入，將脖子切下。

**2** 沿著鎖骨下刀。

鎖骨位在脖子與雞胸相接的位置，呈八字型。用刀尖沿著這裡的骨頭切入。

**3** 將鎖骨與軟骨切分開來。

從位在胸骨中心處的軟骨下刀，將鎖骨切分開來後，再從鎖骨內側切入。

**4** 去除鎖骨。

將鎖骨往自己的方向一拉就能輕鬆取下。

煎烤後鎖骨會難以取下，導致支解不易，所以在這個階段就先取下。

**5** 用棉線綑綁塑形。

將雞翅拉直展開後再折起，整齊地收於背部（身體下方）。腹中如有內臟等異物殘留則須先清除，再用棉線固定雞的外型（➡p.40）。

依個人喜好在腹中塞入新鮮香草應該也不錯。

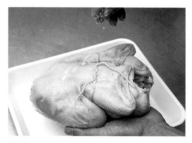

**6** 撒上鹽並放入冷藏室靜置。

撒上鹽，用手塗抹使其滲入整體，在冷藏室裡靜置幾小時至半天時間，使其入味。

**7** 用熱水淋雞。

從冷藏室中取出 **6**，澆淋熱水讓雞皮舒展開來。熱水請勿倒入屁股的開口裡。

雞皮收縮後又瞬間舒展開來，烤好的成品才會光滑。

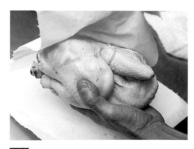

**8** 擦乾水分後靜置10分鐘。

用廚房紙巾將水分徹底擦乾，在常溫下靜置10分鐘左右。

如果省掉這個作業，煎烤時油會噴濺很危險。

**9** 開始煎烤。

在平底鍋中倒入1大匙的沙拉油以中火加熱，緊接著將 **8** 的背部朝下放入。

讓擺盤時要朝上方的那面朝上，在作法 **11** 中採用油淋法來定型。

**10** 讓雞的下方布滿油。

用油炸夾將雞夾起，或是搖動平底鍋，讓下方隨時保持布滿油的狀態來煎烤。

**11** 邊煎邊淋熱油。

讓平底鍋稍微傾斜，用湯匙舀取清澈的油從上方淋下（油淋法）。反覆澆淋。

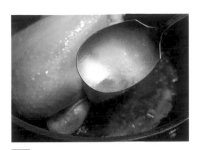

**12** 油變濁後就擦掉。

油會隨著煎烤而逐漸變濁。當鹽結成塊且變混濁後，用廚房紙巾擦拭乾淨，再倒入新油。

　　若用含鹽塊的油澆淋，鹽會附著在雞上而烤焦。採用油淋法時單純只淋油。

**13** 將雞腿煎至微微上色。

待整體大致上色後，利用油炸夾讓一邊的雞腿朝下立起。煎至表面輕微上色為止。上下翻轉煎煮另一面。

**14** 脖子處也煎好後即取出。

利用油炸夾讓脖子處朝下立起，煎烤上色後即可暫時起鍋。倒掉平底鍋中的油並用廚房紙巾擦拭乾淨。

**15** 用新油再煎一次雞腿。

在**14**還熱騰騰的平底鍋中倒入1大匙的沙拉油，讓一邊的雞腿朝下放入，邊煎邊淋油。。

　　這個步驟開始進入正式的煎烤作業。首先從雞腿著手。若急著煎好一定會燒焦，所以要不疾不徐地加熱。

**16** 上下翻面，煎烤另一邊。

用油炸夾上下翻面，讓另一側的雞腿朝下。趁朝上的雞腿肉冷卻前抓緊時機翻面，同樣邊煎邊淋油。

**17** 反覆上下翻面數次來加熱。

重複數次**15**和**16**的作業，將雞腿肉煎熟。油如果在過程中變濁就倒掉，擦拭平底鍋後再倒入新油。

　　趁雞肉上方冷卻前翻面，便能反覆「煎烤→休息」的狀態，溫和地煎熟。

**18** 煎至上色即完成。

將整體煎出令人垂涎的金黃色澤。

　　能煎出層次感自然再好不過了！

接續p.40

**19** 煎好後即取出，

將油炸夾塞入屁股的開口裡，將雞取出。

　雞皮十分脆弱。用油炸夾取出雞時，小心別把皮戳破了。

**20** 取出後靜置。

按壓雞腿，如果彈性扎實就表示已經熟透了。取出置於溫暖處，靜置10～15分鐘左右。支解開來，利用從雞骨取出的湯汁製成醬汁（➡p.41），盛盤。

## Chef's voice

在作法 **17** 如果覺得「應該熟了吧」，就將油炸夾塞進屁股的開口裡並抬起，使雞傾斜。流出的汁液如果是血塊與透明湯汁混雜的狀態，最為理想！如果只看到血，表示還不夠熟；如果都是透明的湯汁，那就熟過頭了。這項測試只有1次機會！

# 雞肉的塑型方式

### 棉線綑綁法 ☞ 基本型

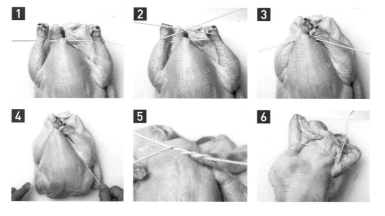

將棉線穿過雙腳下方（**1**），使棉線在上方交錯（**2**）。將線拉緊固定（**3**），直接沿著雞腿用力壓入交界的凹陷處（**4**）。翻面，讓雞槌朝內環抱。棉線交錯轉2～3次（**5**），拉緊後，讓打結處固定在雞槌的位置，打上死結（**6**）。這麼一來棉線就不容易脫離肉身了。

### 竹籤串法 ☞ 作法簡單，但缺點是會在雞皮上留下戳孔

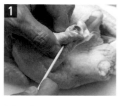

用竹籤刺穿位在腳部肌腱延伸線上的關節（**1**）。讓雞屁股的皮貼緊閉攏，用竹籤刺入（**2**），再往另一腳的關節刺穿過去（**3**）。雞翅的部分則先將竹籤刺穿雞中翼（**4**），接著刺進背骨上的皮（**5**），最後刺穿另一邊的雞中翼（**6**）。最後將多餘的竹籤剪斷。

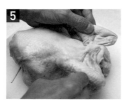

# 烤雞的支解方式

在此介紹如何完美支解烤得美味絕倫的烤全雞。此外，以平底鍋煎過的雞骨濕潤不已，用水熬煮後骨髓會膨脹，接著即可取得美味高湯。

**1** 切下雞腿根部的皮。

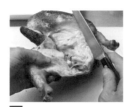

**2** 用左手抓住雞腿肉，一邊拉開骨盆，一邊用菜刀一點一點地切分開來。

**3** 切斷關節將雞腿肉取下。另一側也如法炮製。

**4** 讓雞翅朝自己方向擺放，菜刀沿著胸骨切入。

**5** 一邊用左手剝開肉身，一邊用菜刀將雞胸肉劃開。

**6** 左手仍抓著肉塊往上拉。

**7** 讓另一邊的雞胸肉朝下，將筋切斷後拉扯下來。

**8** 將里肌肉切下，另一面也按**5**～**7**的方法照做。

**9** 里肌肉的筋十分堅韌，所以要先切入再拉除。

**10** 骨頭是充滿鮮味的部位。萃取其汁液並活用來製作醬汁。較硬的骨頭用菜刀切開。

**11** 較軟的骨頭用手支解成適當大小。

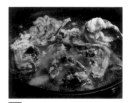

**12** 將**11**放入平底鍋中，加入500㎖的水（或雞骨湯）和10g的奶油。

**13** 以大火加熱至滾沸的狀態下熬煮，湯面若有凝結的浮沫則撈出。加入2g的鹽熬煮片刻，待鮮味確實釋出後即過濾倒入另一個鍋中。

**14** 加熱**13**的鍋子，加入10g的奶油，用打蛋器充分拌勻製成醬汁。

# 谷主廚對火烤原點的個人見解

我決定本書的料理一律不使用烤箱，煎烤全靠平底鍋。然而唯獨這道料理是用烤箱烘烤而成。因為這是能夠將魚肉烤得鬆軟無比又多汁的終極作法。步驟極為簡單，只要烤箱設定250℃，將整尾保留魚鱗的魚烤到幾乎燒焦的程度即可。**魚要帶鱗來使用是一大關鍵，魚在堅固鎧甲裹身的狀態下被高溫籠罩時，內部的魚骨會一點一滴地滲出膠原蛋白，形成一種蒸烤狀態。**

其實這道烤魚和烤全雞（➡p.36）都是相當重要的料理，我視其為「火烤」的原點。各位明白這兩道料理有何共通點嗎？就是兩者都是完整的下去煎烤。沒錯，完整的食材在皮的包覆下進行煎烤，就可以極溫和地加熱。外側接近200℃，但內側很可能只有50～60℃左右。不疾不徐地慢慢加熱，連骨頭都會釋出鮮味，真的相當多汁。

溫和加熱是我進行煎烤的一大前提，所以像雞腿肉、雞胸肉，甚至魚類的切塊，都只煎烤皮的那一面。我不希望煎烤到肉身，所以如果整隻煎烤，肉身就絕對不會直接接觸到火。牛與豬的體形龐大，所以在一般家庭或小餐廳裡無法整隻煎烤，但如果真能辦到該有多美味呀！這便是我對火烤的一些見解。

## 材料（方便製作的分量）

平鮋 …… 1尾（450g）
鹽 …… 適量
初榨橄欖油 …… 適量
檸檬，粗鹽 …… 各適量

去除內臟，以保留魚鱗的狀態來使用。大約剩385g。

**1** 在平魾上撒鹽，用手順著魚鱗輕抹使鹽入味。兩面都抹好鹽並用水清洗後，擦乾水分。用手抹上橄欖油使其滲入。

**2** 在烤箱的烤盤上滴入適量橄欖油，鋪上烘焙紙後將**1**擺上。

**3** 放入預熱至250℃的烤箱中，烘烤20分鐘左右。

依個人喜好將香草塞入內臟的位置應該也不錯。

## 支解方法

這是一道只需不斷烘烤即成的粗獷料理，所以完成品沒必要支解得很漂亮，也無須費心分割。請品嚐從魚皮和魚骨上自然剝落的魚肉。

**1** 沿著魚的背鰭切出切口。

**2** 魚腹也切出切口。

**3** 在魚尾的交接處縱向切出切口。

**4** 從背鰭處輕輕剝下魚皮。

**5** 沿著中間的魚骨切入。

**6** 用菜刀交錯取出魚肉，盛盤後佐上檸檬與粗鹽。

如果真心想煎得完美，
就從平底鍋的拿法學起吧！

# 原味歐姆蛋

Omelette nature

## 拿鍋時，首先要讓平底鍋的鍋面持平

雖然大家常說「歐姆蛋是雞蛋料理中的基礎」之類的話，但其實這道料理深奧不已，困難得很。我理想中的歐姆蛋成品，首要是**必須煎出左右均等的漂亮形狀。次要則是切開極薄的薄煎蛋皮後，裡面包覆著半熟的嫩炒蛋**。蛋液是液態狀，而且一加熱就會立刻開始凝固，如果加熱過頭，轉眼就變硬。實在是棘手的食材。我在修業時期可是勤練到甚至得了腱鞘炎，才煎出理想的狀態。

我從中領悟到的就是，首先平底鍋的拿法很重要（➡ p.47）。歐姆蛋必須利用平底鍋的形狀，特別是靠邊緣的圓弧來煎，所以鍋面若未保持筆直，形狀就會不平。在鍋面持平的狀態下，手與身體平行敲打鍋柄，讓雞蛋不斷往自己這一側翻，逐步捲起來。

## 只要加水改變雞蛋的凝固溫度，
## 煎起來就很簡單！

雞蛋是一種很複雜的食材，1顆蛋裡含括了蛋黃、液態蛋白和濃稠的蛋白。加熱到80℃左右就會完全凝固。**為了煎出滑嫩又鬆軟的煎蛋，必須在蛋液裡加水**。提高凝固溫度可易於煎煮，經過加熱讓水分膨脹還能使整體變得鬆軟。講究味道的話就加入鮮奶油，沒有的話改加鮮奶或水也無妨。如果什麼都不加，一下子就會變得硬硬的。

此外，雞蛋加一點鹽味道就很夠，所以調味要偏清淡。這裡是3顆雞蛋加0.5g的鹽，也就是1小撮的一半。還有，在歐姆蛋上撒胡椒的作法簡直荒謬！因為胡椒香會蓋過雞蛋的原味。

| 材料（1人份） |
| --- |
| 雞蛋 …… 3顆 |
| 鹽 …… 0.5g |
| 鮮奶油（乳脂肪含量38%）…… 1大匙 |
| 奶油 …… 10g |

**1 將雞蛋攪散混合。**

將雞蛋打入調理盆中,用筷子確實拌勻。

使用筷子是因為不希望打散蛋白。嚴禁使用打蛋器。蛋白一旦打散,凝固力就會下降。

**2 拌入調味料。**

將鮮奶油與鹽加入 **1** 中,進一步充分拌勻完成蛋液。

如果沒有鮮奶油可改用鮮奶,再不然就加水,請加入相同分量。

**3 進行煎煮。**

在平底鍋中放入奶油以中火加熱,建議使用較小(直徑約21cm)的平底鍋。

切勿在已經熱好的平底鍋中放入奶油,會很容易燒焦。

**4 倒入蛋液。**

將 **2** 一口氣倒入 **3** 中。奶油不必完全融化,尚存些許顆粒的狀態較佳。

**5 由外往內攪拌。**

用筷子從平底鍋的外側往內畫圓攪拌。快速重複攪動幾次。

蛋液會從平底鍋的外側開始凝固。快凝固時便往中央拌入,讓中間的蛋液往外側流,重複此動作溫和地均勻加熱。

**6 呈半熟狀態後再煎底部。**

待整體呈半熟狀態後,靜置不動繼續加熱1～2秒。

這個步驟要製作用來包覆嫩炒蛋的「薄煎蛋皮」。無須慌張,覺得不太妙時不妨先離火,冷靜地作業。

**7 將蛋皮往外翻折。**

讓平底鍋傾斜,將蛋皮由近身側往外折起。用筷子先將另一側的蛋皮剝下。

**8 敲打鍋柄讓蛋皮往內捲起。**

正確握持平底鍋,讓鍋面維持筆直,敲打鍋柄讓蛋皮往自己的方向翻起。

敲打鍋柄的手腕務必和自己的身體平行,否則蛋皮會往另一側翻或是掉到鍋外。

**9 捲繞一圈後即完成。**

敲打鍋柄數次讓蛋皮捲繞一圈,接合面翻回上方即完成。

我年輕時是面向牆壁甩動平底鍋,拚命練習不讓鍋裡的東西飛出來撞牆。

**10** 換手握持鍋柄來盛盤。

盛盤時換另一隻手握持鍋柄,倒扣平底鍋,讓蛋皮的接合面朝下。

# 平底鍋的正確拿法

使用平底鍋最重要的是鍋面必須筆直,呈水平狀態。請仔細觀察。如果照一般的握法,鍋子會往左傾,不使力則會往右傾。鍋子一旦傾斜,便難以靠翻動平底鍋讓食材回到近身側,而像歐姆蛋這種注重塑形的料理就會無法完成漂亮的形狀。關鍵在於不要緊握鍋柄!就是因為用力握緊才會傾斜。用大拇指和食指2根手指確實握住鍋柄,其餘3根手指只做支撐用。食指到小拇指的指尖呈一直線,並排在鍋柄的中心線位置。這是基本的握法。

**1** 大拇指和食指相接成圈,握著平底鍋的鍋柄。兩指的交接處剛好落在鍋柄中心處。

**2** 其他3根手指對齊食指,確實固定。5根手指尖恰好並排在鍋柄的中心線上。

嫩炒蛋的美味就在於那宛如要融化般的滑順口感，以及雞蛋在口中擴散開來的美妙滋味和甜味。用平底鍋直接加熱是很難帶出這種口感的。**雞蛋一旦過度加熱，就會立刻釋出水分而變硬。** 換言之，一旦超過凝固溫度，蛋白質和水分就會分離，轉眼之間便把美味破壞殆盡。因此要**採隔水加熱法，像是在製作揉合雞蛋與奶油的醬汁般**，輕柔地加熱。

我隔水加熱的作法靠的不是熱水，而是「蒸氣」。因為我不希望食材直接受熱。直接加熱對食材無益，不但難以調整，還容易造成受熱不均。所以要用間接的方式，**一點一滴、溫和又平均地逐步加熱整體直達內部。**

# 嫩炒蛋

## Œufs brouillés

隔水輕柔地加熱，味道和口感就會很溫和

**材料（2人份）**

雞蛋 …… **2顆**

奶油 …… **10g**

鹽 …… **少量**

鮮奶油（乳脂肪含量38%） …… **6～7mℓ**

法國麵包（依個人喜好）

…… **1.5cm寬的切片2～3片**

**1　準備隔水加熱。**

準備口徑和調理盆同尺寸的鍋子，煮沸少許熱水。

> 熱水過多的話，疊上調理盆時會接觸到底部，就失去隔水加熱法的意義。熱水太少的話則有乾燒的疑慮，所以要特別留意。

**2　製作蛋液。**

將蛋打入調理盆中，取出卵帶（白色結塊），用筷子充分攪散，和鹽與鮮奶油拌勻。將奶油也加入。

> 滑順的口感是這道料理的靈魂，所以必須取出卵帶。製作原味歐姆蛋（➡ p.44）時不取出也無妨。

**3　以隔水加熱法加熱蛋液。**

將**2**的調理盆疊合在**1**上，用刮刀依序由外而內、再往底部緩緩攪拌。重複此動作。

> 蛋液會從調理盆周圍開始漸漸凝固，快凝固時就往內側拌入。也別忘了攪拌調理盆的底部。

**4　拿起調理盆，繼續攪拌。**

待整體開始凝固後，不時拿起隔水加熱的調理盆，將整體攪拌均勻。

> 因為是隔水加熱，所以沒必要慌張。從鍋子上拿起來拌勻，即可完成質地均勻的滑順口感。

**5　重複3與4即完成。**

重複**3**和**4**的作業。整體加熱後，刮過調理盆底部時蛋液會緩緩流回來的話就OK。亦可依個人喜好淋在法國麵包上享用。

---

## Chef's voice

打蛋時亦費點小心思，就可以活用蛋殼作為展示。邊轉動雞蛋邊利用菜刀的刀跟輕敲上半部位，敲一圈後即可像蓋子般取下。取出內容物後，只要將蛋殼清洗乾淨並晾乾，就能夠當做裝嫩炒蛋的容器。

# 谷主廚的手作調味料

c o n d i m e n t

## 蛋黃醬

**Sauce mayonnaise**

蛋黃醬是將蛋黃、油與醋乳化製成。我認為這是一道「享用雞蛋」的料理，所以油的用量較少。唯有自己製作，才能利用油變化出種種風味各異的蛋黃醬。

要避免油水分離達到乳化效果，關鍵在於攪拌的順序。先讓幾項油類的食材充分乳化，製成扎實的基底，再逐次少量地加入會導致分離的水分（醋），攪拌均勻。醋是添加酸味的調味料，不過對我來說，更像是調整濃度的要角。請依個人喜好增減用量。

### 材料（方便製作的分量）

**蛋黃** …… 2顆

**初榨橄欖油** …… 200㎖

**白酒醋** …… 10㎖

**鹽** …… 3g

**芥末醬** …… ½小匙

**1** 將蛋黃、鹽與芥末醬倒入調理盆中。

蛋黃和鹽湊在一塊會變得容易凝固。倒入調理盆時，鹽和蛋黃的位置要錯開。

**2** 用打蛋器充分攪拌，使其均勻混合。

蛋黃含有大量的油脂成分，還含有具乳化劑作用的卵磷脂。同為油類會比較容易相融，所以這裡要逐次少量地加入並確實攪拌，利用油包覆蛋黃的水分，使其確實乳化。

**3** 從調理盆邊緣逐次加入極少量的橄欖油。

**4** 像在畫漩渦般由外而內攪動打蛋器。

務必要往同一個方向攪拌。這樣才不易油水分離。

我的食譜筆記裡有一項「condiment（調味料）」。可以預製備用的調味料十分方便，能製成醬汁、沙拉醬或沾醬。只要思考一下用途或組合，料理就可以無限延伸。在此就從「Le Mange-Tout」實際運用的調味料中，選出在家裡也能方便製作的5種調味料來介紹。一絲不苟地製作自己要吃的食物是非常重要的事。每一道都很簡單，大家務必試做看看。

5 攪拌到一定的稠度後，邊攪拌邊增加橄欖油的量。

6 變稠後加入少量的白酒醋稀釋。接著再拌入50㎖左右的橄欖油，即可完成濃稠且穩定的乳化狀態。

7 反覆2～3次5～6的作業，拌完醋後，從調理盆的邊緣倒入多一點的橄欖油。

每次拌入醋之後都要試一下味道，依喜好調整酸味與濃度。

8 從邊緣處開始攪拌至半分離的狀態後，繼續逐次少量地將未分離的部分拌入，最後再進一步確實拌勻。

9 將橄欖油全部拌入後，用少量的白酒醋（分量外）調整濃度。

10 調整至滑順有光澤的狀態後即完成。

若偏好較濃郁的蛋黃味，減少油量也無妨。

## Chef's voice

為了能夠廣泛運用，我會將完成品調製得濃稠一些。使用時請以鮮奶或水稀釋。隨後只需拌入帶有大蒜香氣的油，或是和卡宴辣椒粉或番紅花拌勻，即可變化出各式各樣的風味。

---

### 蛋黃醬之應用

# 水煮蛋佐蛋黃醬

這是法式小酒館的經典料理，也是我的最愛。這道料理只用水煮蛋佐蛋黃醬，所以根本不容打馬虎眼，蛋黃醬的美味度決定一切。

### 材料（2人份）

雞蛋 …… 2顆

蛋黃醬 …… 適量

### 作法

1 製作水煮蛋。在鍋裡倒入大約可蓋過雞蛋的水，以大火加熱。煮沸後將火候轉小，水煮10分鐘。

2 沾冷水冷卻，剝殼並橫切剖半後即可盛盤。佐上蛋黃醬。

# 番茄醬

## Ketchup de tomates

手工製成的番茄醬很天然，風味又佳，希望能在2～3天內食用完畢，所以用2個番茄來製作最剛好。如果只能取得味淡且不新鮮的番茄，不如改用同分量的小番茄會比較美味。由於要保留果膠，所以不要去皮。

### 材料（方便製作的分量）

番茄（切成大塊狀）…… 2個份（360g）

砂糖 …… 15～20g

紅酒醋 …… 50mℓ

鹽 …… 1g

**1** 將砂糖倒入平底鍋邊加熱邊繞圈晃動，製成焦糖。

**2** 煮成顏色還不太均勻的焦糖狀後，將紅酒醋一口氣加入。

**3** 加入番茄，也撒入鹽，攪拌使其入味。

**4** 繼續熬煮，一直加熱到番茄崩散的程度。

**5** 倒入攪拌機中打至滑順後，再過濾倒回鍋中。

**6** 以中火加熱並用鍋鏟攪拌，熬煮至個人偏好的稠度為止。

## Chef's voice

加入番茄的時機可決定是要增強酸味，還是要抑制酸味來加強濃郁度。如果喜歡酸味，倒入醋後立即將番茄加入；若想加強濃郁度，醋就要先經過熬煮，去除酸味後再加入番茄。此外，最後階段的加熱要熬煮到什麼程度，全憑個人喜好的稠度來增減。

---

## 番茄醬之應用

# 炸雞塊佐番茄醬

炸雞塊佐番茄醬，這樣的組合雖然了無新意，但如果搭配手作番茄醬，就可帶出極典雅的滋味。配上吸飽雪利酒且酥脆多汁又香氣迷人的炸雞塊，更是絕配！

### 材料（2人份）

雞腿肉 …… 1片

雪利酒（辛口）…… 適量

醬油 …… ½小匙

鹽 …… 1g

玉米粉 …… 4g

橄欖油 …… 1小匙

油炸用油（沙拉油）…… 適量

番茄醬 …… 適量

### 作法

**1** 將雞腿肉切分成8塊。

**2** 將**1**倒入調理盆中，加入雪利酒、醬油與鹽，沾裹入味。

**3** 將雞腿肉的皮拉直整平，加入玉米粉攪拌混合。將橄欖油也加入拌勻。

**4** 將油炸用油加熱至170℃，把**3**炸成引人垂涎的金黃色澤。取出後靠餘熱加熱至內部。

**5** 將**4**盛盤，佐上番茄醬。

# 橄欖醬

## Sauce tapenade

這道經典的調味料是以普羅旺斯地區的黑橄欖為基底調製而成。由於具有濃郁的層次與酸味，形成猶如日本味噌般的鮮味，所以只要套用醬油醪的思維來運用，用途就會更為廣泛。佐蔬菜自然美味不已，配魚或肉也都很對味，堪稱萬能醬，因此也很推薦作為燜煎魚肉、牛排與嫩煎豬排的佐醬來享用。

### 材料（方便製作的分量）

黑橄欖（去籽）…… 1瓶份（150g）

羅勒 …… 10g

鯷魚（魚柳）…… 1罐份（26g）

醋漬酸豆（可有可無）…… 10g

大蒜 …… 1瓣

初榨橄欖油 …… 100mℓ

### 作法

**1** 將黑橄欖切成細末。

**2** 在羅勒上滴入少量橄欖油（分量外），切成細末。

**3** 將鯷魚與酸豆拍打成糊狀；大蒜去芯後切成細末。

**4** 將**1**、**2**與**3**倒入調理盆中，加入橄欖油攪拌混合。

### Chef's voice

亦可將橄欖油以外的材料倒入食物調理機中攪打，邊攪打邊逐次少量地滴入橄欖油。但是此法會沾染機器產生的熱能，所以我建議用手切碎。

---

**橄欖醬之應用**

# 長棍麵包三明治（生火腿佐孔泰奶酪）

生火腿與孔泰奶酪可說是Casse-Croute（長棍麵包三明治）最經典的組合。只要塗上堪稱「法國味噌」的橄欖醬，就成了無可挑剔的可口法式風味。

### 材料（2人份）

長棍麵包 …… 短的1條

生火腿 …… 4片

芝麻菜 …… 適量

孔泰奶酪（切成3mm厚的薄片）…… 6片

橄欖醬 …… 4大匙

### 作法

**1** 將長棍麵包橫切剖半，在兩邊的切面塗抹橄欖醬。

**2** 將孔泰奶酪、生火腿與芝麻菜依序疊放其上。

# 法式酸辣醬

## Sauce ravigote

將具香氣與鮮味的蔬菜、香草或是帶酸味的醃黃瓜等切成細末，即成一道清淡爽口的食用醬汁。牛肉或魚肉的生肉薄片、烤牛排、裹粉炸物等油炸食品、烏賊或章魚等鮮味強烈的食材，只要配上此醬，吃起來就會非常順口。

**材料（方便製作的分量）**

醋漬小黃瓜 …… 100g
洋蔥 …… ½個（100g）
荷蘭芹 …… 1g
醋漬酸豆 …… 10g
初榨橄欖油 …… 10ml
黑胡椒 …… 少量

**作法**

**1** 將洋蔥切成細末後泡水。

**2** 將醋漬小黃瓜、荷蘭芹與酸豆分別切成細末。

> 亦可倒入食物調理機中打碎。

**3** 將**1**與**2**放入調理盆中，與橄欖油拌勻，最後再將現磨的粗磨黑胡椒加入攪拌混合。

---

## 法式酸辣醬之應用
# 法式酸辣醬涼拌烏賊

只需將法式酸辣醬拌入烏賊生魚片裡即可。這是一道可以快速製作的簡單開胃菜，用來招待客人再適合不過了。配上醬汁的酸味與香氣，吃起來非常清爽。

**材料（2人份）**

北魷生魚片（切成細條）
　　…… 1隻份
檸檬汁 …… 少量
法式酸辣醬 …… 適量

**作法**

**1** 將北魷、檸檬汁與2小匙的法式酸辣醬倒入調理盆中，充分拌勻後即盛盤。

**2** 用2支小湯匙各舀起法式酸辣醬，交合塑形成紡錘形後再擺在**1**的上方。

# 羅勒蒜末醬

*Sauce pistou*

這道濃郁的醬汁是以羅勒清新爽口的香氣與大蒜的鮮味交融而成。漂亮的鮮豔綠色也很重要，所以務必和橄欖油一起倒入食物調理機中攪打。此醬汁如果少了油，轉眼就會發黑。單純用來沾裹義大利麵就美味不已。

### 材料（方便製作的分量）

羅勒葉 …… 50g（約2包份）
大蒜 …… 2瓣（去皮後為15g）
帕馬森乾酪（粉末）…… 30g
鹽 …… 1g
初榨橄欖油 …… 100mℓ

### 作法

**1** 將羅勒葉倒入食物調理機中，邊攪打邊逐次少量地加入橄欖油。

**2** 將去芯的大蒜切成細末。

**3** 將**1**、**2**、帕馬森乾酪與鹽倒入調理盆中，充分攪拌混合。

---

**羅勒蒜末醬之應用**

## 葡萄柚沙拉

葡萄柚的酸苦滋味和羅勒的香氣十分契合。請務必現拌現吃！最後磨撒其上的黑胡椒香氣是美味的祕訣。

### 材料（2人份）

葡萄柚果肉（剝除薄皮）
　　…… 10瓣

> 粉紅色葡萄柚太甜，會導致味道分散，所以不適用。

羅勒蒜末醬 …… 15g
黑胡椒 …… 適量

### 作法

**1** 將葡萄柚果肉與羅勒蒜末醬倒入調理盆中，用手輕柔地混拌後即盛盤。

**2** 最後再扭轉研磨器3圈撒上粗磨黑胡椒。

# 法式料理的重要調味料：奶油

讀過我食譜的讀者或許有注意到，我用的調味料種類極少。鹽和奶油，偶爾來點醋。其中又以奶油為最，我視之為「創造美味的關鍵」。

大家是不是都認為奶油是油類呢？日本的確把它歸類為油脂。但在法式料理中是屬於乳製品。奶油的美味度會因為不同的加熱方式而變化，在此針對這個重要的食材稍作介紹。

## 奶油是一種調味料！

　　不同的奶油美味度也會不一樣呢。大家覺得造成這些差異的因素為何呢？雖然好像在做理科實驗，但只要試著讓奶油慢慢融化就能一目了然。請看一下左方的照片。奶油融化後，靜置片刻就會分離成2層。上方黃色的澄清層是油，沉澱的白色部分則稱為「乳清」，是水分和蛋白質等混雜而成的物質。這層乳清正是奶油鮮味的來源，也是美味的真面目。

　　舉洋蔥湯（→p.90）為例。加了奶油味道就截然不同。奶油在法式料理中是最重要的調味料，所以請嚴格挑選。我以前曾經讓奶油一塊塊融化後，試吃乳清比較了一番。其中的懸殊差異令我訝異不已，也實際體會到乳清的重要性，並學會挑選自己偏好的產品。

## 榛果奶油的作法

　　在本書中頻繁出現的「榛果奶油」又稱作「焦化奶油」。其焦化過程和乳清息息相關。我前面提過，乳清是一種「蛋白質」，和肉或蛋一樣，加熱後會逐漸轉為褐色，並散發迷人香氣。榛果奶油就是利用這個特點，藉此為料理增添榛果（榛子）般的香氣與濃郁層次。用法同紅酒醬，不想添加奶油的奶味時也可以運用。

　　然而，雖然稱之為焦化奶油，卻絕對不能燒焦。製作的兩大要訣為「切忌心急」與「時常搖動鍋子」。為了方便辨識顏色與狀態，在此用銀色鍋子來介紹。

　　此外，融化奶油上方的黃色澄清層又稱為「澄清奶油」。雖說是奶油，但已經去除會焦化的成分，所以可以像沙拉油一樣來運用。不過如果要用這種不帶鮮味的油，我覺得用沙拉油就好了。使用奶油的用意在於增添鮮味，而非因為它是油。

**1** 將奶油放入鍋中以中火加熱，邊晃動鍋子使其逐漸融化。

鍋子要一直繞圈搖晃。這個動作要持續到最後。

**2** 奶油融化不久後，就會冒出大泡泡，開始傳出啪滋啪滋的聲音。

這是乳清中的水分蒸散時，接觸到油而噴濺所發出的聲音。

**3** 泡泡變小變細後，會轉為咻咻聲。

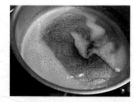

**4** 泡泡很快就消失，等沒有聲音後即熄火。鍋底的乳清已煮至上色且香氣四溢，油也轉為清亮的褐色。

雖然一般都強調要煮到完全變成榛果（榛子）色，但真正重要的是如榛果般的香氣。

PART 2

# 燉煮

在水中將食材咕嘟咕嘟地煮至軟嫩，

並讓美味湯汁釋出到水裡，形成美味湯品。

能夠充分品嚐食材的豐富鮮味，即為燉煮料理的魅力。

可以完整品嚐提引自蔬菜之美味的濃湯，

在此單元也一併做介紹。

# 美味「燉煮」的 5大訣竅

谷主廚的
**基礎
教學**

法式料理中的燉煮料理包含滷味和湯品。尤其滷味，必須事先調味，靜置入味後再慢慢燉煮，是一種靠時間烹調出美味的料理。有不少料理是使用「鍋子（pot）」烹調而成，如法式燉肉鍋（Pot au-feu）、法式燉肉（Potée）以及濃湯（Potage）等。

## 1 肉要先仔細 又確實地調味

大部分的燉肉料理即便是製作當天才新鮮現燉也不會好吃。肉必須用鹽或胡椒事先調味並覆上保鮮膜，**放在冷藏室裡靜置入味超過一個晚上**。這是因為調味料在燉煮過程中不易入味，所以必須在這個階段讓味道先滲透到肉裡。此外，肉會釋出飽含鮮味的水分，我希望這些水分能再度吸收回肉裡。因此嚴禁覆蓋廚房紙巾！不然會把美味的水分吸光喔。

在事先調味的作業上，**仔細又確實地搓揉入味是很重要的**。這和單純撒鹽所完成的鮮味與口感截然不同。會帶出完全不一樣的美味。

燉煮料理靜置一天讓煮汁滲透，會比完成當天馬上品嘗更好吃，因此情況允許的話，不妨在品嘗的前一天燉煮。

## 2 等到浮沫凝結為止！

燉肉會釋出很多浮沫。其真面目是血水等蛋白質。這些都是無用之物，請去除乾淨，只品嘗食材最純粹的鮮味。

這時希望大家留意一點，**即使出現浮沫也不要立即撈除**！請稍微忍耐一下，無須慌張。只要維持在溫和冒著小泡的沸騰狀態，法語稱為「煨（mijoter）」，浮沫自然會浮上來。煮至滾沸而咕咚咕咚冒大泡雖然可以較快釋出浮沫，卻會導致煮汁變混濁，所以最好避免。

**待蛋白質凝結而煮汁變得清澈後，即可無所顧慮地迅速撈除**。如此一來煮汁便會相當清澈，並完成絕佳的滋味。

此外，浮沫在凝結前仍會溶解而使煮汁混濁，再加上「浮沫會引出更多浮沫」，所以會源源不斷地冒出來，無論怎麼撈都難撈乾淨。

# 3 　煮汁滲入肉的
　纖維內而變得軟嫩

　　當有人問我「該燉煮到什麼程度呢？」我都會回答：「**燉到肉變得軟嫩為止。**」此單元介紹的法式燉肉鍋與法式燉肉等，以小火煮，大約需要2～4小時。想像一下熱騰騰的煮汁在燉煮期間滲透肉的每一條纖維，即便再堅硬的肉塊也會因此纖維崩散而變軟。

　　另外，**煮汁一旦煮出稠度，一點一滴滲入纖維後便會停留在裡面，不僅鮮味不易流失，還能鎖住水分**，所以燉好後十分濕潤多汁。增添稠度有幾種方法，可以在脂肪較少的小腿肉上抹麵粉，或是利用豬肩肉的脂肪讓煮汁乳化。還可進一步以油封的手法，藉煮汁本身的油脂燉出稠度。

# 4 　燉煮的鍋子要夠大

　　要燉煮出美味，鍋子的大小也舉足輕重。如果鍋子尺寸太剛好，肉會疊在一起而沒有空隙，煮汁就無法充分接觸疊合面。選用的**鍋子尺寸和深度必須能讓熱騰騰的煮汁輕鬆穿梭在肉與肉之間，好讓整鍋肉都均勻受熱。**

　　順帶一提，煎肉時必須皮面朝下入鍋，但燉煮時會全面加熱，故無此必要。

# 5 　肉的周圍必須布滿煮汁

　　在燉煮的過程中，我們能做的事情很少，只需靜待肉變得軟嫩。不過我希望大家至少進行2項作業。

　　第一，必須不時**分開肉塊，打造空隙。**用意和訣竅**4**相同。尤其是剛開始肉的蛋白質還未煮熟時，肉塊之間容易相黏，所以務必進行這個步驟。此外，當煮汁變少後，要不時**將肉塊上下翻面，讓接觸空氣而乾掉的部位浸泡在煮汁裡**，這點也至關重要。

　　第二，必須不時**搖動鍋子，讓食材底下布滿煮汁。**我在腦中構想的燉煮畫面是：食材漂浮並全面包覆於煮汁中，在這樣的狀態下逐步加熱。這點和燜煎是一樣的呢。因為如果讓食材貼附鍋底一直加熱，會很容易燒焦。

法式燉肉裡的蔬菜真的好吃嗎？
這點我持懷疑的態度，所以這鍋只燉肉

# 法式燉肉鍋

Pot-au-feu

## 燉煮起來最美味的是牛小腿肉

法式燉鍋（Pot-au-feu）直譯為「火上鍋」。最經典的作法應該就是將牛肉塊、洋蔥、胡蘿蔔和芹菜等蔬菜細熬慢燉吧。

這道料理使用的牛肉是**我認為燉煮起來最美味的小腿肉**。因為是活動最頻繁的部位，筋肉發達又結實，所以不適合煎烤。但一經過熬煮就會提引出膠質和鮮味，雖然只是用水熬煮，卻可熬出美味萬分的煮汁，肉也變得軟嫩可口。簡樸但滋味豐富又充滿鮮味，可說是這個部位的深厚潛力吧。

## 法式燉肉鍋最重要的是煮汁必須澄淨

在法式燉肉鍋中，融合了牛肉鮮味的美味煮汁也十分重要。因此**我燉煮的目標有二，第一是肉要變得軟嫩，第二則是煮汁必須美味**。燉煮時要讓肉浮在大量的煮汁裡，煮汁則必須純淨又清澄。這便是和法式燉肉（➡p.64）最大的差異。

我開頭雖然說「法式燉肉鍋最經典的作法是燉煮牛肉和蔬菜」，但**為了熬出美味的煮汁（肉湯），我不會放蔬菜**。嚴格來說是在日本烹製的話就不會放。法國和日本的水土不同。法國的蔬菜富含礦物質而美味不已，配上肉的鮮味有相乘效果，可形成美味的肉汁。經過加熱會帶出更加強勁的味道，光吃蔬菜就很可口。反觀日本的蔬菜則過甜，會讓煮汁不夠爽口，味道也較弱，美味不足。其實也沒必要勉強使用。因為料理本來就沒有所謂的「絕對」。

**材料（3～4人份）**

牛小腿肉 …… 850g
鹽 …… 25g
細砂糖 …… 27g
黑胡椒粒 …… 2.5g
水 …… 適量
粗鹽・第戎芥末醬 …… 各適量

牛肉我偏好使用小腿肉，筋多且熬過鮮味更豐富。這道料理中的鹽用量為肉的3％，但是鹽的入味程度會隨著使用部位不同而異，請斟酌增減用量。比方說，使用大腿肉時，煮過會變得乾柴而比較容易入味，所以要減少鹽量；而油脂豐富的部位比較難入味，所以要增加鹽量。

**3天～1週前**

**1　將牛小腿肉切成6～7等分。**

將牛小腿肉切成6～7等分後放入調理盤中。

**2　製作預先調味用的調味料。**

利用鍋子底部等粗略地將黑胡椒粒磨碎，製成粗磨胡椒粉。接著將鹽、細砂糖與粗磨胡椒粉攪拌混合。

**3　將調味料撒在牛肉上。**

手拿著 **1**，在調理盤上方將 **2** 撒於整體。

**4　仔細將調味料搓揉入味。**

用手搓揉使其入味。餘留在調理盤中的調味料也要用肉沾一沾，一點不剩地抹上。

小腿肉的筋多，肉身可輕鬆切割成塊狀，因此搓揉力道要控制在塊狀外形不會崩散的程度。

**5　在冷藏室裡鹽漬3天以上。**

待肉的表面因水分滲出而變濕後，覆上保鮮膜，置於冷藏室醃漬至少3天，讓味道確實滲透到裡面。

**3天～1週後**

**6　完成鹽漬。**

肉塊會變得緊實並轉為深紅色。

**7　用約略蓋過肉塊的水燉煮。**

將 **6** 放入鍋中，加入大約可蓋過肉塊的水（約1.5ℓ），以大火加熱。用湯匙將相黏的肉塊分開。

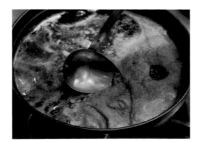

**8　出現浮沫後，仍需靜候。**

煮沸後轉為中火，只要保持在微微滾沸的狀態，浮沫就會不斷浮上來。用長柄勺的背面將浮沫靠攏，靜待浮沫凝結。

即使出現浮沫也不要立刻撈除。因為浮沫在凝結前不但會溶入水中，導致煮汁變濁，還會源源不斷地冒出來。

**9　撈除浮沫。**

待浮沫凝結且煮汁變得清澄後，用長柄勺撈除。無所顧慮地一口氣全撈起。

**10** 燉煮過程中要邊加水。

將火候轉小，保持在冒小泡的微滾狀態下繼續燉煮。肉塊隱約從煮汁中露出後，再加水蓋過肉塊。

烹煮法式燉肉鍋務必讓肉塊浸泡在煮汁中，否則會燉煮不均。

**11** 再次撈除浮沫。

轉為大火，煮至沸騰後將火候轉小，在略微滾沸的狀態下讓浮沫凝結再次撈除。火候轉小繼續燉煮。反覆此作業。

煮汁在如此反覆的過程中會逐漸變得清澈。

**12** 燉煮至軟嫩為止。

保持略微滾沸的狀態，繼續燉煮片刻。

請仔細觀察肉的狀態。牛筋已經煮熟而漸漸變透明了！

**13** 完成燉煮。

持續燉煮直到肉塊變軟。過程中水若變少則補足。燉煮時間大約3小時。佐上粗鹽與第戎芥末醬即可上桌。

## Chef's voice

有時也可將煮汁和肉塊分開來品嚐，美味煮汁作為湯汁，而燉好的肉塊則依個人喜好撒上芥末醬或鹽。肉塊放入沙拉中當然也很可口，所以建議製作多一點保存備用。

這道料理主要是品嚐燉得可口的肉塊。
這便是和法式燉肉鍋最大的差別

# 法式燉肉

Potée

## 確實鹽漬來提高鮮味

　　這道料理和法式燉肉鍋（➡p.60）不同，重點不在於品嚐煮汁（湯品）。**豬肉確實燉得軟嫩，再細細品味其中強勁的鮮味，才是法式燉肉的醍醐味。**

　　為了帶出鮮味，豬肉要先鹽漬。如果等到燉煮當天才鹽漬就太遲了，所以要算好日子提前作業喔。

　　鹽的用量為豬肉的3％。這道料理是以保存為前提而製作，所以要多放些鹽。如此便能排出多餘的水分，讓鹽味滲入肉裡，再經過熟成就能提高鮮味。**請放入冷藏室中進行熟成，最短3天，情況允許的話則靜置1週左右**，如此即可製成在法國稱為「petit salé」的鹽漬豬肉。鹽量如果低於3％的比例，會因濃濃的肉腥味而無法襯托出豬肉原有的美味。

## 法式燉肉燉煮完畢後，肉塊會浮出湯面

　　烹調法式燉肉很關鍵的一點是，必須燉到豬肉露出煮汁表面才算完成。豬肉要露出3分之1左右的面積。**燉煮過程中，煮汁會和豬肉釋出的脂肪產生乳化而變白變濁**，進而帶出些許稠度而變得滑順，鮮味也更具深度。

　　豬肉的強烈鮮味與鹹味會釋出並融入燉肉的煮汁裡，用來燉煮蔬菜，水分釋出後味道就會恰到好處。比方說，用這些煮汁將高麗菜燉至軟爛並收乾煮汁，就會美味萬分。燉好的豬肉可以冷藏或冷凍保存，所以不妨多燉一點。裹麵包粉煎一煎就成為完全迥異的料理；或是表面先煎過再加些巴薩米可醋裹勻，即成滷豬肉；亦可將肉攪散再用煮汁拌一拌，調製出肉醬風味……請試著延伸出各式不同的料理。

| 材料（4人份） |
| --- |
| 豬肩肉 …… 1200g |
| 鹽 …… 36g |
| 細砂糖 …… 18g |
| 黑胡椒粒 …… 3.6g |
| 水 …… 適量 |

**3天～1週前**

### 1 將豬肩肉切成4等分。

將豬肩肉切成4等分後放入調理盤中。

### 2 製作預先調味用的調味料。

利用鍋子底部等粗略地將黑胡椒粒磨碎,製成粗磨胡椒粉。接著將鹽、細砂糖與粗磨胡椒粉攪拌混合。

### 3 將調味料撒在豬肉上。

手拿著 **1**,在調理盤上方將 **2** 撒於整體。

### 4 將調味料確實搓揉入味。

用手仔細搓揉使其入味。餘留在調理盤中的調味料也要用肉沾一沾,一點不剩地抹上。

### 5 在冷藏室鹽漬3天以上。

待肉的表面因水分滲出而變濕後,覆上保鮮膜,置於冷藏室醃漬至少3天。

> 讓味道確實滲透到裡面,釋出多餘的水分。

**3天～1週後**

### 6 完成鹽漬。

從冷藏室中取出。肉塊呈稍微緊實的狀態。

### 7 開始燉煮。

將 **6** 與大約可蓋過肉塊的水(約1.5ℓ)倒入鍋(直徑21cm)中,以大火煮沸。用筷子等將暫時相黏的肉塊分開。

> 讓食材分離有助於釋出浮沫,也較易熟。

### 8 出現浮沫後,仍需靜候。

只要保持在滾沸的狀態,浮沫就會浮上來。轉為中火,用長柄勺的背面將浮沫靠攏,靜待浮沫凝結。

> 即使出現浮沫也不要立刻撈除。如果才剛釋出一些浮沫就撈除,浮沫會源源不斷地冒出來而撈不乾淨。

### 9 撈除浮沫。

待浮沫凝結後,用長柄勺撈除。無所顧慮地一口氣全撈起。

**10 燉煮時維持微沸騰的狀態。**

將火候轉小，維持在冒小泡的沸騰狀態來燉煮。

**11 過程中要不時補水。**

為了維持豬肉浸泡在大量煮汁中的狀態，必須不時加水，直到肉確實煮熟為止。

**12 煮沸後撈除浮沫。**

加水後一定要先轉為大火煮沸，像 **8** 那樣將浮沫聚攏，凝結後即撈除。反覆此作業2～3次。

**13 燉煮時要時常翻面。**

維持在冒小泡的沸騰狀態，持續燉煮。

沸騰狀態大概以我手指所指之處的這個程度較理想。

**14 過程中要避免加熱不均。**

不時用湯匙上下翻面，讓肉塊分開不要沾黏在一起，以免加熱不均。

**15 完成燉煮。**

豬肉的鮮味確實釋出到煮汁裡，肉塊也變得軟嫩即完成燉煮。燉煮時間大約3小時。肉塊盛盤後，將煮汁舀進另一個鍋中，以同樣分量的水稀釋，煮沸後淋在肉上。

## Chef's voice

煮汁的鮮味非常強烈，鹹度也很夠，所以請先試試味道，如果太濃就以水稀釋再使用。光是拿來煮高麗菜或馬鈴薯等蔬菜，就能成為美味無比的燉煮料理。法式燉肉想配蔬菜一起享用時，只需另用煮汁煮好蔬菜，再和肉一起盛盤即可。

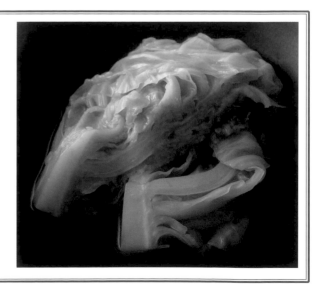

所謂的「braise」就是燉烤。
裏滿雞肉的濃郁鮮味，形成深邃的好味道

# 燉烤雞肉

Cuisses de poulet braisées

---

## 將飽含雞肉脂肪與鮮味的煮汁製成醬汁

　　燉烤料理（braise）原本是鍋子加蓋後放入烤箱，以蒸燉方式烘烤而成的料理。透過燉煮濕潤地加熱雞肉，同時淋上濃縮的美味煮汁（醬汁），逐漸烤出光澤。加熱方式不妨仿效我接下來的作法，分三階段來加熱。雞肉先煎再燉，最後進行烘烤並裹滿醬汁即完成。

　　和法式燉肉鍋與法式燉肉的差別在於：燉煮時不可以轉為小火。必須維持較大的火候，一口氣完成燉煮。加蓋會熟得比較快，但我不會蓋上鍋蓋。基準是水分要燉至減半為止，時間大約為20分鐘。濕潤地加熱雞肉，同時仍充分保有鮮味。從雞肉中釋出的脂肪與鮮味、榛果奶油（焦化奶油）等，**會和滾沸的煮汁產生乳化、濃縮**，形成滑順無比的美味醬汁。

　　接下來才要發揮燉烤的真本領！讓雞肉和醬汁一起烘烤，醬汁表面形成一層膜後，舀起來覆上雞肉再繼續烘烤。此動作只需反覆4～5次，**美味醬汁就會確實覆在雞肉上，水分收乾後便會出現光澤感**。此即法式料理中所謂的「淋醬著色法（glacer）」。

## 將雞肉確實煎得香噴噴，增添味道的深度

　　這道燉烤雞肉在燉煮前要先將雞肉確實煎得香氣四溢。請煎到自己認為「都煎得這麼令人食指大動了，還需要燉嗎？」的程度。**如果煎得不夠確實，醬汁就不會美味。**透過確實的煎煮，讓醬汁帶有迷人香氣與深邃色澤，連雞肉也能保留金黃色澤，燉好後令人垂涎欲滴。一定要強烈展現出「煎與煮都做得很到位」才行！

| 材料（4～6人份） |
| --- |
| 帶骨雞腿肉 …… 4支（750g） |
| 鹽 …… 7.5g |
| 沙拉油 …… 1大匙 |
| 雞骨湯 …… 500mℓ |
| 奶油 …… 25g |

在燉烤料理中，鹽分濃度為肉的1%。使用的雞骨湯是以YOUKI食品的「無添加化學調味料雞骨湯粉」10g溶入1ℓ水中調製而成。市售顆粒雞骨湯粉的味道雖然天然，但因為內含少許鹽分，所以請酌量增減添加的鹽量。

**1　從關節將雞腿肉切分開來。**

從雞腿肉正中央稍微靠棒腿肉的關節處下刀，將棒腿肉與腿排肉切分開來。將菜刀抵在距離棒腿肉底部2㎝左右的位置，畫圓繞一圈切斷肌腱。用刀尖割掉雞皮，將底部塑形成丸狀（➡p.12）。

**2　撒鹽，使整體入味。**

在腿排肉的肉身與棒腿肉的切面（肉身）上撒多一點鹽。剩餘的鹽抹在皮上，用手輕搓使整體入味。此時用手握住棒腿肉，順勢用力往外拉來塑形，腿排肉則是將雞皮攤平。在常溫下靜置15～30分鐘左右，使其入味。

**3　進行煎煮。**

在平底鍋中倒入沙拉油以中大火加熱，將❷並排放入。煎煮的同時要前後晃動平底鍋，或用油炸夾夾起肉塊，讓底下布滿油。

**4　舀掉多餘的油。**

煎煮過程中若釋出大量的油，用湯匙適度舀掉。

　油如果過多，雞肉會處於油炸狀態。僅留下足以澆淋的油量，其餘舀掉。

**5　邊煎煮邊淋油。**

邊加熱邊淋油（油淋法），繼續確實煎煮。

　或許會有人質疑，燉煮料理還有必要淋油嗎？雖說是燉煮，但為了讓釋出到油裡的鮮味回歸肉內，因此請煎煮至直接吃也美味不已的狀態。

**6　確實煎出金黃色澤。**

反覆❸～❺的作業，煎到肉身與皮都確實上色為止。立起棒腿肉，讓切面的肉和骨髓都確實煎煮。

　煎到不禁懷疑「煎出這麼深的顏色好嗎？」的程度最剛好。

**7　取出肉塊並擦拭平底鍋。**

暫時取出❻，將平底鍋裡餘留的油倒掉，用廚房紙巾擦拭乾淨。

　油是用來煎煮的。燉煮時不需要，所以要一滴不剩地擦掉。

**8　開始燉煮雞肉。**

將雞肉放回平底鍋中，注入雞骨湯，以中火加熱。

**9　燉煮至滾沸狀態。**

維持能讓煮汁滾沸的火候，繼續燉煮。接下來雞骨湯會變白、變濁而呈褐色。

　煎得香噴噴的金黃色澤、肉的鮮味與油脂全轉移到煮汁裡，變得非常美味。

**10** 製作榛果奶油。

將奶油放入較小的平底鍋中以中火加熱，邊加熱邊轉動平底鍋直到變成褐色為止，製成榛果奶油（焦化奶油）（→ p.109）。

**11** 將⑩加入煮汁中。

將⑩一口氣全加入滾沸的煮汁中。避免淋在雞肉上。

**12** 攪拌煮汁，繼續燉煮。

攪拌煮汁使整鍋入味。燉煮時要不時用煮汁澆淋雞肉。

煮汁冒泡不久後就會逐漸乳化。請仔細觀察其變化。

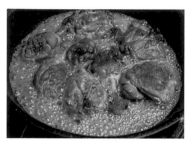

**13** 發出咻咻聲時即完成燉煮。

煮到煮汁傳出咻咻咻的聲音，雞肉的一半面積露出煮汁外，全程燉煮20分鐘左右。

這個聲音表示「已經準備好要烘烤了！」，是水分蒸散而油的比例變多時所發出的聲音。

**14** 取出雞肉，澆淋煮汁。

取出雞肉，避免重疊地並排放入調理盤中。注入煮汁，要避免直接倒在雞肉上。

**15** 加入平底鍋的餘留鮮味。

在燉煮完畢的平底鍋中加入少量的水（分量外），刮下殘留在鍋中的鮮味。加入⑭的調理盤中。

**16** 用上火烘烤。

用烤箱的上火加熱，邊熬煮邊觀察煮汁的狀態。

**17** 讓煮汁表面形成一層膜。

煮汁表面開始出現一層蛋白質焦化而成的膜時，整盤煮汁會漸漸變得濃稠。

**18** 連同薄膜將煮汁淋在肉上。

用湯匙舀取煮汁，連同薄膜一起淋在雞肉上。反覆4、5次⑯～⑱的作業，直到煮汁的濃度與顏色產生變化並附著在雞肉的表面為止。將雞肉盛盤，煮汁過濾後淋在雞肉上。

紅酒燉牛肉是法式料理中的經典。
這道也是選用燉過更美味的小腿肉來製作

# 紅酒燉牛肉

Bœuf bourguignon

## 勃艮第紅酒不適用!?

　　這道料理的法語名稱直譯就是「勃艮第風味牛肉」。原本的基本作法應該是使用勃艮第的紅酒，但我不予採用。這種酒的酒色明亮，香氣既典雅又輕盈。品飲起來固然美好，用在燉煮上卻無法烹調出「令人垂涎」的成品。**卡本內蘇維翁紅酒的特色和勃艮第紅酒迥異，具扎實深邃的酒色與香氣，壓倒性地適合應用在料理上。**

　　這道料理大多選用牛五花肉，但我最怕油膩了，所以習慣使用小腿肉，燉起來美味不已，品嚐時可以全部一掃而空。

## 確實煎烤後，再確實燉煮

　　牛肉先用紅酒醃泡，接著煎一煎，再慢慢燉煮。

　　只要用紅酒醃漬過，肉塊就會因為輕微發酵、熟成而變得軟嫩。但也不是醃泡愈久就愈好。因為希望只滲透表層，僅留下紅酒香氣，所以醃一天就OK。

　　醃過的牛肉在煎烤時散發出的香氣真是妙不可言！我從年輕至今都特別享受這份藉單寧煎出的香氣。**採煎烤作法自然有我的道理，用意就在於鎖住鮮味，並為醬汁添香。**要煎熟富含水分的肉可不容易喔。牛肉稍微上色就容易誤以為「已經煎熟」，最好還是耐著性子確實煎至上色，才能讓味道更具深度。

　　肉煎好後還要撒上麵粉裹勻。這點非常重要。這在法語裡就叫「singer」，可賦予煮汁如醬汁般自然的濃度，有利於沾附在食材上。濃稠的煮汁還能進一步附著在肉的纖維上，讓肉燉煮得濕潤不已。**若省略singer這道程序，肉就會變得乾巴巴的喔。**

材料（4～6人份）

牛小腿肉 …… 840g
卡本內蘇維翁紅酒 …… 1470㎖
雪莉酒醋 …… 100㎖
鹽 …… 10.5g
沙拉油 …… 35g
高筋麵粉 …… 5g
雞骨湯（➡p.69）…… 400㎖
紅酒醋 …… 10㎖
奶油 …… 12g
玉米粉水（或太白粉水）…… 少量
黑胡椒 …… 適量
黑醋栗酒（利口酒）…… 少量
干邑白蘭地 …… 少量

前一天

**1** 將牛小腿肉切成6等分。

將牛小腿肉切成6等分。

　肉燉過就會縮小，所以要切成適中的大小。

**2** 肉塊用紅酒醃泡1整天。

在調理盆中倒入1ℓ的紅酒和雪莉酒醋來醃漬**1**，放進冷藏室醃泡1整天。

　如果肉塊小，醃泡時間要短，反之則要泡久一點。釀造醋一經加熱就會轉為鮮味與濃郁層次。

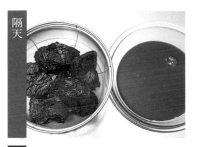

隔天

**3** 將肉與醃泡液分開來。

從冷藏室中取出**2**，將肉與醃泡液分開並確實瀝乾肉塊的醃泡液。

**4** 將醃泡液煮沸。

用中火將**3**的醃泡液煮至沸騰，邊用木鏟攪拌。浮沫浮出後即停止攪拌，靜候浮沫凝結。

　肉塊的血水與浮沫會沉澱在底下，所以要邊加熱邊攪拌，待其凝結後再撈除，讓汁液變清澈。

**5** 過濾煮出浮沫的醃泡液。

在濾勺裡鋪上廚房紙巾，可以的話再疊上另一個濾勺。輕輕舀起**4**的醃泡液上面的澄清層，緩緩地過濾，即成澄澈的漂亮煮汁。

**6** 在牛肉上撒鹽使其入味。

在**3**的肉塊上撒鹽，用手輕柔地搓揉入味。

**7** 開始煎煮，舀除多餘汁液。

在平底鍋中倒入沙拉油以中火加熱，緊接著將**6**放入慢慢煎。醃泡液釋出到油裡的話要舀除。

　醃泡過的肉塊會釋出水分，所以一開始無法煎煮。舀除一定程度的水分後才能煎出色澤。

**8** 將表面確實煎至上色。

舀油澆淋在肉上，直到表面確實煎出香噴噴的色澤。取出肉塊，清洗沾附在平底鍋裡的污垢。

　煮汁和肉塊都變得香氣四溢。請依香氣來感受煎煮程度。

**9** 在肉上撒麵粉來進行翻炒。

將肉塊放回平底鍋並撒入麵粉，甩動平底鍋消除麵粉味。

**10** 加入醃泡液，並移到鍋裡。

待麵粉味消失並融入整體後，將**5**的醃泡液加入，讓沾附在鍋底的麵粉與鮮味融入其中。將肉塊連同醃泡液一起倒進燉煮用的鍋子裡。

**11** 加入紅酒與雞骨湯。

將400㎖的紅酒加入**10**的鍋子裡以大火加熱，再加入雞骨湯。

紅酒的酒精會讓肉塊變得軟嫩，所以不經加熱直接加入。

**12** 撈除浮沫。

煮汁煮沸後轉為中火，待浮沫釋出後將其聚攏凝結再撈除。

**13** 維持微沸騰的狀態燉煮。

保持在冒小泡的沸騰狀態下慢慢燉煮。過程中要確認肉塊是否已經煮軟。煮汁減少的話則加水（分量外）繼續煮。

**14** 完成燉煮。

不時將肉塊上下翻面，燉煮至軟嫩為止。取出肉塊。

肉塊接觸空氣的部分會變乾，煮汁也會因為煎肉的色澤釋出而變濃郁。請在此時上下翻面。

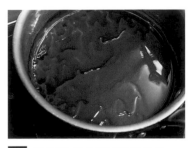

**15** 最後階段才開始熬煮醬汁。

將70㎖的紅酒與紅酒醋倒入另一個鍋子裡加熱，熬煮至水分幾乎收乾而貼附在鍋底為止。

熬煮完後表面會閃閃發亮，宛如鏡面一般，故稱為酒之鏡，可為醬汁帶出光亮的色澤。

**16** 將煮汁與焦化奶油加入。

將**14**的煮汁一口氣加入**15**中，確實煮沸。另用小平底鍋製作榛果奶油（➡ p.109）再一口氣加入，在滾沸狀態下完成乳化。

在紅酒醬裡加榛果奶油，這是鐵則！

**17** 完成稠度與味道。

將玉米粉水加入攪拌，緩緩帶出稠度。扭轉研磨器6圈撒入黑胡椒。加入黑醋栗酒，傳出咻咻的滾沸聲後即熄火。

黑醋栗酒的莓果香，令人感受到類似蔬菜礦物質的香氣。

**18** 完成醬汁。

晃動鍋子確認濃度，變得稍微黏稠且表面如鏡子般閃閃發亮後，將干邑白蘭地加入拌勻。肉塊盛盤後再淋上醬汁。

加入干邑白蘭地，頓時使得美味濃縮。

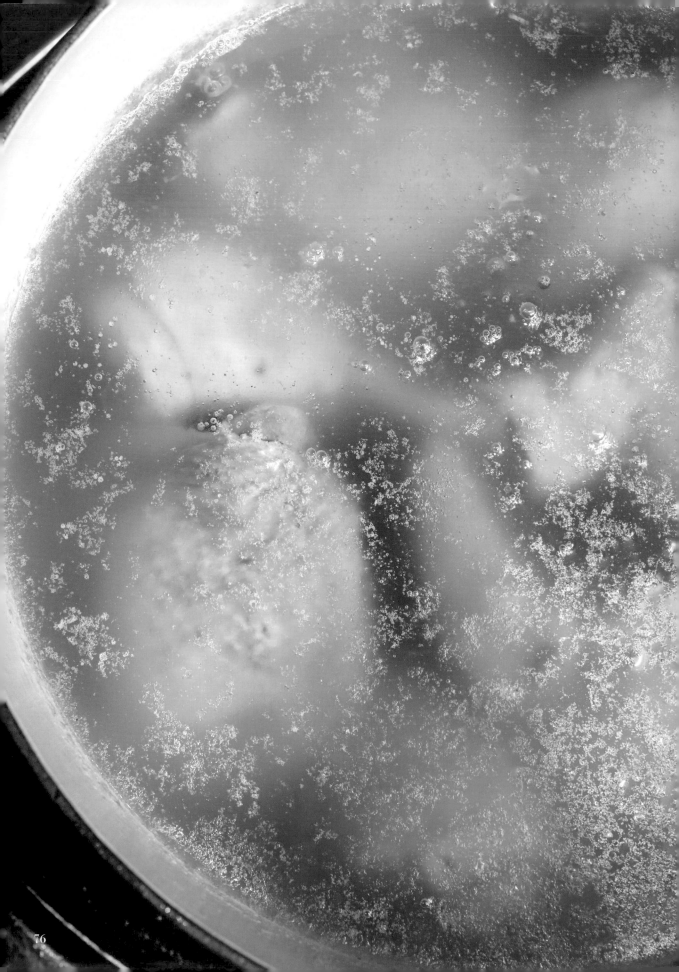

油滲透到肉的每一條纖維裡，
煮得濕潤多汁的法式保存食物

# 油封雞腿肉

Confit de cuisses de poulet

## 燉煮時，肉質不同的部位也要分開煮

　　油封是一種在油中慢慢燉煮食材的手法，法國一直以來都是用此法製作保存食物。**透過燉煮讓油滲進肉的纖維之間，使其釋放出多餘的肉汁**，隨後再保存於油中，避免接觸到空氣與水——換句話說，油封的目的在於將腐壞的要素降到最低，因此法國其實沒那麼在意所謂的「最佳燉煮程度」。刀子實際劃下後，不是肉塊嘩啦地崩塌變形，就是纖維崩散開來，可說是狀況百出呢。

　　但我希望能確實烹調出美味。所以和煎煮時一樣，肉質不同的食材絕不以相同的方式加熱。我習慣將雞腿肉的**腿排肉和棒腿肉分開，並改變燉煮的時間**。當然每個人應該都有各自的偏好。若想以肉身的美味為優先，就早一點取出，若重視的是纖維入口即化的口感，則加熱久一點。燉煮時加入完整的香料、香草或帶皮大蒜來增添香氣也不錯。等要煎油封雞腿肉來吃時，再將香草或大蒜加入一起煎煮即可盛盤。

## 火候是油封法的重要關鍵！

　　油封手法使用的是像鵝脂或豬油這類動物性的脂肪。為了增添脂肪的味道與香氣，原本的作法為使用燉煮食材本身的脂肪來封存。然而一旦放進冷藏室保存，脂肪就會完全凝固而難以取出肉塊，因此我會拌入不會凝固的沙拉油。

　　燉煮時請務必留意火候，**最好保持在90℃**。如果火候太大而滾沸冒大泡，會造成浮沫散開導致整鍋變成一片雪白，煎煮雞肉時這些浮沫就會燒焦。若油面出現浮沫則表示溫度過高。完成燉煮後，雞肉會縮成3分之2左右的大小。

| 材料（4人份） |
| --- |
| 帶骨雞腿肉 …… 4支（1200g） |
| 鹽 …… 12g |
| 黑胡椒粒 …… 1.2g |
| 沙拉油 …… 500mℓ |
| 豬油 …… 500mℓ |

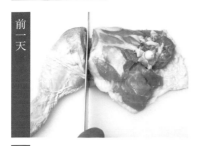

**前一天**

**1** 從關節將雞腿肉切分開來。

腿排肉朝右、棒腿肉朝左放置,從內側脂肪塊稍微靠左側(棒腿肉)的關節處下刀,切分開來。

棒腿肉與腿排肉的肉質不同,受熱快慢也不同,所以燉煮時間也要隨之改變。

**2** 切斷腳踝處的肌腱。

從距離棒腿肉邊緣約2cm處下刀並畫圓繞一圈。用刀尖將肉往邊緣靠攏,塑形成丸狀。

又粗又強韌的肌腱如果不切斷,受熱時會大幅緊縮而拉扯肉塊。

**3** 製作預先調味用的調味料。

利用鍋子底部等粗略地將黑胡椒粒磨碎,製成粗磨胡椒粉。接著和鹽拌勻。

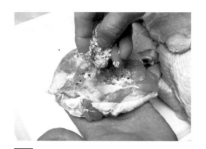

**4** 撒上調味料。

在腿排肉的肉身上多撒一些 **3**,皮朝上放入調理盤中。將 **3** 也撒在棒腿肉的切面(肉身)上,放入盤中。皮面也要撒。

**5** 搓揉整體使調味料入味。

手不要洗,搓揉使鹽滲入雞肉整體。特別是肉身,要搓揉使鹽入味後再放入調理盤中。

肉身部位要特別仔細搓揉使其入味。

**6** 在冷藏室裡醃漬1整天。

在調理盤上覆蓋保鮮膜,放入冷藏室醃漬1整天。

用意是讓雞肉微微熟成。只要撒上鹽,雞肉就會釋出帶鮮味的水分。由於希望雞肉能再次將這些水分吸回,所以絕對不要覆蓋廚房紙巾。

**隔天**

**7** 將雞肉並排於鍋中再倒油。

混合沙拉油與豬油,少量倒入較厚的鍋子裡,將 **6** 盡量不重疊地並排整齊。倒入能讓肉塊稍微浮出表面的油量。

將腿排肉的皮拉平,棒腿肉則再次用手往外拉,讓外形更完美後再放入鍋中,成品就會很漂亮。

**8** 開始燉煮。

以中火煮至微微沸騰後,用筷子將重疊的雞肉稍微分開,讓肉與肉之間布滿油。不時攪拌讓油溫維持一致。

也用筷子刮一刮鍋底,避免雞肉沾鍋。

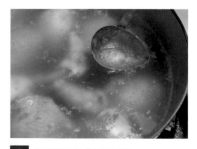

**9** 保持在90℃來加熱。

轉為極小火,保持在90℃左右輕微冒泡的狀態。過程中用筷子攪拌油,維持均溫。如果表面形成一層膜(浮沫),必須一次次撈除。

**10** 先取出腿排肉。

腿排肉煮至膨脹變軟後先取出，待棒腿肉煮至軟嫩即完成。基本作法是就此保存起來，但想直接吃也可以。

　剛煮好的雞皮細緻且易損傷，所以不要使用油炸夾。

保存

**11** 浸於澄清油，放入冷藏室。

待 **10** 散熱後，撈起棒腿肉連同先前取出的腿排肉放入有深度的容器裡。僅舀取上層的澄清油倒入，直到完全覆蓋雞肉為止。放冷藏室可保存2週左右。

# 如果要以煎煮收尾

將油封雞腿肉的皮煎得酥酥脆脆，即可打造出截然不同的美味。肉身則以恢復燉煮狀態為目標來煎煮。雞肉不會釋放出水分，所以很容易燒焦，最好特別留意！

**1** 取出保存備用的油封雞腿肉。並排在平底鍋中，讓腿排肉的皮朝下。

**2** 以中火加熱，邊煎邊搖動平底鍋或用油炸夾夾起肉塊。多餘的油要舀除。

**3** 邊澆淋熱油來加熱整體。

**4** 腿排肉的皮煎出恰到好處的色澤而變得酥脆後，翻面即完成煎煮。

法國的燉蔬菜料理，
保留了每項食材的口感

# 普羅旺斯燉菜

Ratatouille

## 僅憑蔬菜水分燉製而成的「果醬」

　　我都說普羅旺斯燉菜是一道蔬菜果醬。使用的蔬菜首選洋蔥，此為味道的基底。唯有這個食材能夠帶出濃郁的層次，所以必須將洋蔥**燉炒到徹底釋放出甜味，帶出味道的深度**，這點至關重要。次要則是番茄，釋出的水分占了煮汁的大半。另有吸飽煮汁而變得美味的茄子、櫛瓜與甜椒。青椒與大蒜是用來增添香氣的，尤其青椒，要在最後快完成時才加入，添加一抹綠色清香。

## 讓煮汁乳化而變得濃醇滑順

　　在此介紹的普羅旺斯燉菜，不會過度燉煮蔬菜，適度保留了每項食材的口感。日本人多以為這種燉菜的番茄味很重，但這道不一樣。煮到某種程度後就會**將煮汁與蔬菜分開來，煮汁經過熬煮後再裹勻蔬菜即完成**。將這些煮汁熬煮到冒泡，不僅可讓味道變得濃郁，還能**促使水分和油乳化而更易於沾附在蔬菜上，口感也變得滑順**。散熱後靜置一晚會更加美味。蔬菜會徹底釋出果膠，所以應該會凝固成一大塊喔。

　　順帶一提，大家應該看過盤子四周浮一圈油的普羅旺斯燉菜吧。這個原因在於炒茄子時油放太多。茄子熱炒時會吸油，但是燉煮後又會一口氣全釋放出來。所以即便炒到沒油了，也別再補加。

　　燉菜完成後，可鋪放在法國麵包上製成法式三明治（開放式三明治風味的麵包，如右方照片），亦可用於焗烤、義大利麵和西班牙海鮮燉飯。只要大量製作並冷凍備用就會很方便喔。

材料（方便製作的分量）

茄子 …… 4根（400g）

櫛瓜 …… 2根（320g）

洋蔥 …… 2個（230g）

甜椒 …… 2個

青椒 …… 2個

番茄 …… 6個

大蒜（剝除薄皮）…… 4瓣（35g）

初榨橄欖油 …… 32mℓ

水 …… 50mℓ

鹽 …… 適量

胡椒 …… 適量

喜歡大蒜的人，加入多達10瓣也OK。

**1** 將櫛瓜滾刀切塊。

將櫛瓜外皮削成條紋狀（➡p.125），縱切對半後將籽刮除。再度縱切對半後，滾刀切塊。

　取出籽後較容易釋出水分。

**2** 將茄子滾刀切塊。

將茄子外皮削成條紋狀（➡p.125），縱向切成4等分後，滾刀切塊。

　茄子一加熱就會縮小，所以要稍微切大塊一點。

**3** 將**1**與**2**抹鹽入味。

將**1**與**2**分別放入不同的調理盆，茄子撒上4g的鹽，櫛瓜撒上3g的鹽。讓整體拌滿鹽，拌到手感覺到水分為止。

　只是攪拌，請勿搓揉。我可不想破壞其外形。

**4** 將洋蔥切開。

剝除洋蔥外皮（➡p.124），切成8等分的月牙狀後長度切半。

　洋蔥負責為這道料理帶出濃郁度。我習慣多加一些。

**5** 將青椒切開。

將青椒縱切對半，去除蒂頭與籽並削掉白色皮膜（➡p.125）。再度縱切對半，依閃電方向切成三角形。

　只要皮側朝下放置就不會滑動，切起來比較輕鬆。

**6** 剝除甜椒外皮後切開。

用直火將甜椒烤得焦黑後，先沾水再剝除外皮，接著削掉白色皮膜（➡p.124、125）。依照**5**的方式切開。

**7** 番茄剝皮後壓碎。

用叉子插入番茄，以直火輕微烤過後將裂開的皮剝除。切半後放入調理盆中，撒入5.5g的鹽並壓碎。

　用於燉煮的水分大多來自這些番茄。在此步驟將番茄壓得爛碎，盡可能釋出水分。

**8** 燉炒洋蔥與大蒜。

在平底鍋中加入12㎖的橄欖油、**4**、大蒜與一半分量的水，以大火加熱。煮沸而發出劈啪聲後，攪拌混合。

　這個步驟最為關鍵。一定要用平底鍋才行。若用鍋子炒會散發焦味，但不影響甜度。

**9** 洋蔥釋出甜味後移至鍋中。

將剩餘的水與1g的鹽加入並持續攪拌，待洋蔥甜味釋出而辛辣味消失後，移到燉鍋中。

**10 將番茄加入鍋中煮。**

9 的洋蔥倒入燉鍋後再將 7 加入，以大火加熱並邊煮邊攪拌。

**11 櫛瓜炒好後加入鍋中。**

將5㎖的橄欖油倒入 9 取出洋蔥且還熱騰騰的平底鍋中，以中火加熱，將 3 的櫛瓜連同水分一起加入，另撒入少量的鹽，快速拌炒後倒入燉鍋中。

這項作業可讓櫛瓜的水分更容易釋出。

**12 瀝乾茄子的水分。**

將 3 的茄子從調理盆中取出，瀝乾水分。

照片裡的是茄子釋出的水分。看清楚，這些是帶苦味的浮沫，絕對不能倒入。

**13 將茄子炒到微微上色為止。**

在 11 取出櫛瓜且還熱騰騰的平底鍋中倒入10㎖的橄欖油，將 12 的茄子加入，裹滿油後加入少許鹽帶出香氣。持續炒到微微上色。

**14 將茄子與甜椒倒入鍋中。**

將 13 的茄子和 6 的甜椒加入燉鍋中，維持咕嘟咕嘟冒小泡的燉煮狀態，直到整鍋煮軟為止。

在這個步驟依個人喜好加入新鮮香草應該也不錯。

**15 青椒炒好後倒入鍋中。**

在 13 取出茄子且還熱騰騰的平底鍋中倒入5㎖的橄欖油，以中火加熱，將 5 倒入快速炒出香氣，用1g的鹽調味。加入 14 的燉鍋中稍微煮一下。

**16 和煮汁分開後進行熬煮。**

用濾勺過濾 15，將蔬菜與煮汁分開。煮汁倒回燉鍋中，以中火熬煮。

讓煮汁的水分和油乳化。此時若覺得橄欖油好像不太夠，補些油也無妨。

**17 用鹽調味後，倒回蔬菜。**

用1g的鹽和胡椒為 16 的煮汁調味，熬煮到快燒焦的前一刻，將 16 的蔬菜倒回並拌勻。熬出稠度，這時候劈啪聲和冒出的泡泡也隨之變大。

此時釋出到煮汁裡的浮沫不要撈除。這些都是鮮味。

**18 完成燉煮。**

傳出咻咻的聲音，煮汁吸收入味後即熄火。

討厭胡蘿蔔的我所苦思出的湯品。
用奶油將胡蘿蔔徹底翻炒，十分鮮甜

# 胡蘿蔔濃湯

Potage Crécy

## 胡蘿蔔皮不能煮！要一點不剩地削除

　　「想烹製美味的胡蘿蔔濃湯，**請先熟練胡蘿蔔的削皮方式。**」這句話我常掛在嘴邊。正確的削皮法是先削下一條皮，從橫向仔細觀察。切面的兩端應該是稍微鼓起的吧？將此處視為山的頂點，削第二條皮時就是要削掉這個頂點。邊轉邊反覆削皮，轉一圈後便不會有皮殘留。蘿蔔皮無論怎麼煮都煮不軟，還會導致口感變差，顏色也會發黑。

　　要改善口感就必須用果汁機確實攪打。胡蘿蔔、玉米或南瓜這類以果汁機攪打也不會釋出黏性的食材，要盡可能打久一點。我大約會攪打5～6分鐘左右。粒子會變細而形成令人驚豔的滑順口感呢。

## 重要的是，炒的時候必須仔細觀察

　　在烹製胡蘿蔔濃湯的作業中，拌炒比燉煮更為重要。用奶油**不斷反覆拌炒，徹底提引出甜味。我將此作業稱為「覆炒」。**

　　希望大家在覆炒的時候能目不轉睛地觀察鍋內。奶油的狀態瞬息萬變：融化後呈白濁狀，接著轉為透明，旋即消失，爾後又出現。尤其最後步驟是勝負關鍵。胡蘿蔔必須確實裹滿奶油的鮮味和乳清，避免燒焦。拌炒鍋子的每個角落以免產生焦化。胡蘿蔔會變得極甜又美味，所以就算不用肉湯，只加水就令人食指大動。

　　而將胡蘿蔔切成一口大小並進行到覆炒的步驟（作法 **4**～**10**），其實就是一道經典的配菜：「糖漬胡蘿蔔」。就算不加砂糖也夠甜，美味極了！

| 材料（3～4人份） |
| --- |
| 胡蘿蔔 …… 3根（500g） |
| 奶油 …… 70g |
| 鮮奶 …… 80㎖ |
| 鹽 …… 4g |
| 水 …… 500㎖ |

**1 削除胡蘿蔔的皮。**

切下胡蘿蔔的蒂頭後削皮。先削下第1條皮，削第2條開始必須逐一削除切面與皮的交界處（邊緣）。

皮要毫不保留地全部削除，這點很重要。若有皮殘留，不但口感不佳，顏色也會發黑。

**2 切出輔助性切口。**

將胡蘿蔔縱切對半，從蒂頭側的正中央切入一道長約胡蘿蔔一半的切口。

我希望蔬菜能統一切出幾乎一致的大小，炒起來較輕鬆。像胡蘿蔔這種整體粗度不一的蔬菜，切出輔助性的切口是很重要的。

**3 切成薄片。**

從其中一端開始統一切成3mm厚的薄片。

**4 用奶油拌炒。**

將奶油放入鍋中以中火加熱，趁還沒完全融化前將**3**倒入。

奶油融化後容易瞬間就燒焦，燒焦後不但鮮味盡失，還會增加不必要的味道。

**5 邊炒邊讓奶油覆滿胡蘿蔔。**

頻繁攪拌以避免煎出焦色，持續拌炒讓奶油覆滿胡蘿蔔。過程中加入0.5g的鹽。

將奶油的水分炒乾，讓鮮味與乳清覆滿胡蘿蔔。因為蛋白質容易燒焦，要特別注意。

**6 鍋底的油會漸漸變透明。**

仔細觀察鍋底狀態持續拌炒。奶油激烈冒泡後，油會因為水分蒸散而逐漸變透明。

這表示**5**的乳清已覆滿胡蘿蔔，且水分已經蒸散，僅餘留單純的油。

**7 快速移動木鏟拌炒。**

此時很容易燒焦，所以要改變攪拌方式。快速攪動木鏟，確實充分攪拌，每個角落都不放過。

注意鍋底奶油的狀態！胡蘿蔔的胡蘿蔔素會轉移到油裡而變成橙色。逐漸變色的這個過程也別有樂趣。

**8 胡蘿蔔變得有光澤。**

加入0.5g的鹽並充分拌勻。胡蘿蔔與奶油融為一體，木鏟攪動起來會變沉。持續炒到鍋底幾乎無油殘留，而胡蘿蔔變得有光澤為止。

接下來才是努力的關鍵時刻。絕對不能炒焦了。要確實攪拌！

**9 胡蘿蔔變得偏白。**

緊接著胡蘿蔔的顏色會漸漸偏白，無法完全吸收的奶油會一口氣釋放出來。

胡蘿蔔已經熟透，所以自此終於要開始釋放出糖分。再努力一下！

**10** 完成拌炒。

火候轉小並持續拌炒，當鍋底開始出現
微微的焦色即完成拌炒。

　這些焦色是胡蘿蔔的糖分形成的。顯
　示已經釋出糖分。

**11** 加入鮮奶攪拌混合。

將鮮奶加入攪拌，充分沾裹。最初會呈
白濁狀。

**12** 持續攪拌出透明感。

只要持續混拌，胡蘿蔔就會漸漸恢復透
明感。

　鮮奶的蛋白質與乳清會和油產生乳
　化，形成滑順的味道與口感。從這個
　時候起會特別容易燒焦！

**13** 加水煮沸。

將水一口氣加入，轉大火煮至沸騰。試
試味道，加入2g的鹽後再次煮沸。

　食材已經完全熟透，所以不須燉煮。
　看起來像浮沫似的白濁物質是奶油的
　鮮味，也就是「乳清」。絕對不要撈
　除！

**14** 以果汁機攪打。

將**13**倒入果汁機中攪拌。情況允許的話
請攪打5～6分鐘，盡量打到滑順不已。

**15** 再度加熱並調味。

將**14**倒回**13**的鍋中再度加熱。試試味
道，以1g的鹽調味後即盛盤。

## Chef's voice

在**14**將食材移放到果汁機後，請觀
察一下鍋底。如果有形成薄薄一層
膜就OK。這是已經充分拌炒的證
據。如果鍋底光滑乾淨的話，代表
炒得還不夠，尚未充分提引出胡蘿
蔔的糖分。

盡情品味大蒜的本質，香氣既雅致又鮮甜

# 大蒜濃湯

Velouté d'ail

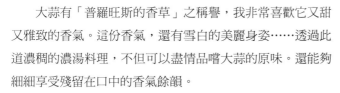

　　大蒜有「普羅旺斯的香草」之稱譽，我非常喜歡它又甜又雅致的香氣。這份香氣，還有雪白的美麗身姿……透過此道濃稠的濃湯料理，不但可以盡情品嚐大蒜的原味。還能夠細細享受殘留在口中的香氣餘韻。

　　關鍵在於**僅提引出大蒜的香氣**。加熱煮軟的同時也會揮發掉刺激性成分，但**絕對不能煮出焦色**。因為不想爆香，所以不用炒的而是用煮的。過程中會釋出浮沫，但這些是好的浮沫所以不撈除。「萬惡的浮沫當去除，而加分的浮沫當保留！」

　　這道濃湯是靠洋蔥的甜味取得整體味道的平衡，但如果想以大蒜味為優先，突顯其味道，不放洋蔥也無妨。這時其他材料的分量不變。

## 材料（方便製作的分量）

**大蒜**（剝除薄皮）…… 180g

**洋蔥** …… 1個（170g）

**初榨橄欖油** …… 1大匙

**雞骨湯**（→p.69）…… 1ℓ

**鹽** …… 適量

**1　切大蒜與洋蔥。**

大蒜縱切對半。如果有發芽則用竹籤剔除。將洋蔥切成薄片。

**2　燉煮洋蔥帶出甜味。**

在未加熱的平底鍋中倒入橄欖油以中火加熱，緊接著將**1**的洋蔥與一半分量的雞骨湯倒入，燉煮使其微微相融。

希望只提引出洋蔥的甜味，所以不拌炒也不上色。

**3　將大蒜加入燉煮。**

將**1**的大蒜加入燉煮，集中加熱不要攪拌。過程中會釋出浮沫，但不要撈除。

大蒜堪稱「普羅旺斯的香草」。這裡不需要馥郁逼人的香氣，所以不要拌炒。透過燉煮提引出香甜味。

**4　加入剩下的湯汁。**

水分幾乎收乾後，將剩餘的雞骨湯加入繼續燉煮。

燉煮的過程中請試試味道。作法**3**剛開始是洋蔥的甜味勝出，但接著蒜香會後來居上。

**5　燉煮到變軟嫩為止。**

大蒜內的水分蒸散時會發出啪滋啪滋的聲音，試試味道再補加1g的鹽，煮到可用手指輕易壓碎的軟度。

**6　用果汁機攪打再調味。**

將**5**倒入果汁機中，充分攪打至滑順為止。倒回鍋中再度加熱，用鹽調味後即盛盤。

## Chef's voice

如果有法國的香草利口酒「Noilly Prat香艾酒」，請在作法**6**中微量添加。酒精揮發後會和大蒜與香草相融……可為味道帶出令人驚豔的品味與深度。加入少量白酒也無妨，但不能加太多，否則強烈的酸味會導致成品風味盡失。

大蒜和具綠色清香的蔬菜十分對味。若在作法**6**中加入事先燙好的菠菜或埃及帝王菜葉，還可變化出美味的菠菜濃湯或埃及帝王菜濃湯。

洋蔥不要一開始就炒。先用水煮。
打造「新洋蔥」的狀態，逐漸帶出甜味

# 洋蔥湯

Soupe à l'oignon

---

## 對我來說，洋蔥就是要用「新洋蔥」

　　洋蔥湯這道料理著實美味，提引出的洋蔥甜味都已轉移
到肉湯裡。要提引出這份甜味時，常被耳提面命「請用較厚
的鍋子，以小火不疾不徐地慢炒」。但這條準則不適用於日
本的一般洋蔥。雖然可以炒出焦色，但無論怎麼炒都無法炒
出洋蔥原本鮮甜的好滋味。

　　我對洋蔥的標準，就是要使用水分飽滿的新洋蔥（指
採收後立即出貨的洋蔥。富含水分，較不辛辣），一炒就
會立刻釋出大量水分。**這些水分飽含糖分**，透過加熱達到焦
糖化，即可輕鬆完成鮮甜的「焦糖色洋蔥」。如此看來，使
用一般洋蔥時，**只要加水打造出和烹煮新洋蔥相同的狀況，
讓糖分溶解到水裡即可**。先煮再炒，不但出奇簡單，還零失
敗。水是純淨的，而且煮過會蒸發，所以不會影響到味道。
因此利用水作為媒介，以便提引出洋蔥的糖分來燉煮。

## 同時享用洋蔥的滑順口感

　　洋蔥湯裡的洋蔥，**都是沿著纖維切成薄片**。這是為了在
完成燉煮後還能保留洋蔥的形狀，並享用滑溜的滑順口感。
但是要盡可能地切成薄片喔。

　　這種炒過的焦糖色洋蔥，在法國又被叫做「里約
（lyonnaise）」。因為難以少量製作又費時，所以都先大量
烹製，再依每次使用的分量進行分裝，最後用保鮮膜包覆並
冷凍保存備用，如此會方便許多。

　　洋蔥湯的衍生料理中，最簡單的莫過於洋蔥焗湯。將湯
倒入器皿中，讓油炸麵包丁漂浮其上，再大量撒上自己喜歡
的乳酪粉，像是帕馬森乾酪或格魯耶爾乳酪等，最後用烤箱
等烘烤得熱騰騰的就大功告成。

**材料**（方便製作的分量）

洋蔥（已剝除外皮）…… 800g（3½個）

奶油 …… 70g

水 …… 適量（1.5ℓ左右）

雞骨湯（➡p.69）…… 1ℓ

帕馬森乾酪（粉末）…… 適量

### 1　在洋蔥上橫向切出切口。

剝除洋蔥外皮（→p.124），再縱切對半。讓纖維呈縱向放置，在右方圓弧處橫向切出切口。

如果直接縱切，圓弧部位的形狀和大小會不一致。

### 2　沿著纖維切成薄片。

從邊緣開始，沿著纖維切成極薄的薄片。

### 3　開始燉煮洋蔥。

在平底鍋中倒入奶油與稍多的水，以中火加熱，立即將 2 加入。

用水煮是為了避免燒焦。水量只要夠煮洋蔥，超過平底鍋的一半高度即可。會邊煮邊補水，所以適量即可。

### 4　在滾沸狀態下燉煮。

用木鏟讓洋蔥與水相融，在滾沸狀態下燉煮。只要燉煮片刻就會漸漸散發出甜甜的迷人香氣，並開始發出啪滋啪滋與吱吱的聲音。

### 5　洋蔥邊緣稍微上色後補水。

待洋蔥邊緣開始微微變色後，加入能讓洋蔥稍微浮出水面的水量。

開始發出像 4 一樣的聲音後就要特別注意！這是水分減少而和油交戰的聲音。洋蔥邊緣會開始微微上色，所以要一次補足水。

### 6　攪拌讓洋蔥的鮮味融入水中。

用木鏟刮下沾附在平底鍋周圍的焦糖狀鮮味，攪拌使其融入水中，再進一步燉煮。

洋蔥的糖分經焦糖化形成鮮甜味，使其溶入煮汁中，再讓洋蔥吸收回去。務必搶在燒焦前完成喔！

### 7　持續燉煮帶出甜味。

反覆幾次 5～6 的作業。照片是燉煮過程的狀態。隨後會轉為漂亮的焦糖色，逐漸釋出甜味。

### 8　完成洋蔥的燉煮。

待洋蔥整體轉為漂亮的焦糖色後，試試味道，只要變軟且釋出焦糖般的鮮味就OK。

加熱時間大約45分鐘。如果想要「再軟爛些」，則加水繼續燉煮即可。對味道沒有影響。

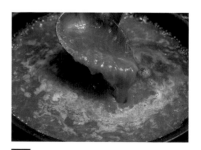

### 9　最後燉煮。

加入雞骨湯攪拌溶入，煮至沸騰後熄火攪拌，即可盛盤。撒上帕馬森乾酪。

這時浮出的物質猶如浮沫般又白又濁，此為奶油的鮮味來源「乳清」。絕對不能撈除。

## PART 3

# 蔬菜料理
# &
# 甜點

肉類煎烤料理、燉煮料理、小型蔬菜料理

再加上甜點，在自家裡只要能端出這些菜色宴客，

就稱得上是派頭十足的法式饗宴。

連平凡無奇的葉類沙拉，只要運用谷主廚的妙招，

就能烹調出超群美味，想必能備受喜愛。

這道是法式料理中的經典預製沙拉，
油醋醬的製作十分關鍵

# 涼拌胡蘿蔔絲
## Carottes râpées

這道料理也以「醋漬蘿蔔絲（Carottes râpées）」之名而為人所知，是醃製沙拉中的代表，在日本也無人不曉。不過，大家是否以為它是用沙拉醬醃製而成的呢？其實不然。**利用胡蘿蔔釋出的美味甜汁來醃製蘿蔔絲，才是最原始的作法。**沙拉醬的任務是幫助胡蘿蔔釋出汁液。這些汁液可千萬別倒掉喔！

此外，製作油醋醬（沙拉醬）時有個重點。因為材料只有油和水分，所以不必完全乳化。但是**要抱持著使其乳化的打算，鍥而不捨地攪拌**。此時若不先徹底攪拌讓油粒子變細，之後再怎麼確實攪拌也是徒勞。若有較大的油粒子分散在醋裡，就無法形成滑順的口感。這點放諸任何油醋醬皆準。

**材料（方便製作的分量）**

**胡蘿蔔** …… 2根

**◇傳統油醋醬**
（方便製作的分量，使用一半的量）
- 初榨橄欖油 …… 120㎖
- 白酒醋 …… 30㎖
- 鹽 …… 3g

**1　製作油醋醬。**

將白酒醋與鹽倒入玻璃調理盆中，用打蛋器攪拌到鹽溶化而顆粒感消失為止。

如果一開始就和油攪拌混合，鹽會無法溶入，導致味道無法融為一體。

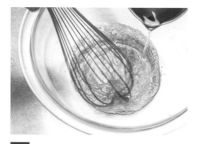

**2　攪拌混合橄欖油。**

從調理盆周圍逐次少量地倒入橄欖油，從外側往中心移動打蛋器來攪拌。

油不可一次全部倒入。要分次倒入少量。攪拌時會因為離心力而導致油往周圍擴散，所以要由外往中心拌入。

**3　開始變白變稠。**

持續攪拌就會漸漸變白，並出現稠度。

這時要費點力氣。手不要停，請耐心攪拌將油粒子打細。

**4　完成油醋醬。**

耐心攪拌到會沾黏打蛋器，且攪拌的手開始感到沉重為止。呈滑順狀態後即完成。

靜置片刻後若完美地油水分離，表示製作得很成功！使用前再次充分攪拌，就會恢復到這個狀態。

**5　削除胡蘿蔔皮。**

切下胡蘿蔔的蒂頭和尾部後，削皮（➡ p.86）。

一點不剩地確實削掉外皮。如果殘留外皮硬硬的口感，享用時會卡牙且難以剔除，成品顏色也會發黑。

**6　切成絲狀。**

用刨絲器等將胡蘿蔔刨成絲，放入玻璃調理盆中。

盡可能使用不銳利的刨絲器，讓切面有點粗糙！如此可增加表面積，讓汁液充分釋出，同時還有助於入味。

**7　沾裹油醋醬。**

將油醋醬淋在 **6** 上，用手拌一拌使整體沾裹均勻。

**8　搓揉使其入味。**

用手搓揉讓胡蘿蔔的汁液釋出。靜置浸漬片刻，使其充分入味。品嚐時再酌量加入鹽或醋。

涼拌胡蘿蔔絲是一種保存食物，所以放冷藏室可保存1週。醃漬時讓胡蘿蔔保持浮在汁液上的狀態。

## Chef's voice

所謂的乳化，是指原本互不相融的水與油混合交融而成的狀態。出現稠度後，不但會變得較容易附著在食材上，還能帶出滑順的口感。通常會藉乳化劑（介面活性劑）來促進乳化作用。比方說，蛋黃裡所含的卵磷脂。蛋黃醬就是靠這種卵磷脂的力量，才讓水分（醋）變得容易混入油中喔。

沙拉醬（dressing）是由dress（洋裝）+ing（進行式）組成的。
所以，沾裹醬汁就像是幫食材穿上洋裝般，動作要輕柔

# 綜合蔬菜沙拉

Salade composée

---

## 首先要讓蔬菜恢復到生氣蓬勃的狀態

大家知道如何製作出真正美味的沙拉嗎？我認為**葉類沙拉最重視的是清脆的口感**。因此，使用前我會將蔬菜浸泡在水裡，使其像生長在田裡時那般新鮮翠綠，**恢復到生機勃勃的清脆狀態後再使用**。蔬菜一旦吸了水就會甦醒過來，每片葉子的前端都精神抖擻地立起，開始宣示自己的存在呢。因此只要將浸泡在水裡的蔬菜撈起來，就會明白所謂的「清脆狀態」是怎麼回事。當蔬菜下垂碰觸到手的部分變少，可感受到其與手之間有空間的話，即完成浸泡。如果蔬菜仍低垂纏附在手上，則須再稍微浸泡一下。

吸足水的蔬菜亦可用廚房紙巾包覆，再放入冷藏室備用。只需在品嚐前一刻拌一拌沙拉醬，即完成一道可立刻端上桌的沙拉料理。

## 沙拉醬的含意為何？

大家知道沙拉醬的英文是「dress + ing」嗎？也就是現在正在穿洋裝的意思。所以蔬菜在沾裹沙拉醬時，**要極其輕柔地拌勻，宛如輕輕讓蔬菜穿上柔軟的洋裝般**。而且沙拉醬必須沿著調理盆邊緣加入。從蔬菜上方直接淋下的這種粗魯作法絕對要避免。

這道沙拉使用的沙拉醬加了芥末醬。和傳統油醋醬（➡p.94）的作法一樣，要分次加入極少量的油，再由外往內移動打蛋器混合拌入。加了芥末醬的沙拉醬較為濃稠，所以請更慎重且更確實地攪拌。如果做得不到位，味道會不均勻。

**材料（方便製作的分量）**

個人喜歡的葉類蔬菜 …… 適量

**◎芥末油醋醬**
（方便製作的分量，適量使用）

- 初榨橄欖油 …… 120mℓ
- 紅酒醋 …… 30mℓ
- 鹽 …… 3g
- 芥末醬 …… 20g
- 胡椒 …… 扭轉2～3圈

無論是顆粒的也好，第戎芥末醬或日式芥末糊也好，選用個人喜好的芥末產品即可。

**1** 製作油醋醬。

將芥末醬與鹽倒入玻璃調理盆中,用打蛋器攪拌混合,使鹽溶入。

**2** 加少量的醋溶解稀釋。

加入少量的紅酒醋,使其完全溶解。

> 如果一開始就將醋一口氣加入,會混合不均。

**3** 混合剩餘的醋。

當**2**變得滑順後,將剩下的紅酒醋一口氣全加入,攪拌混合。

**4** 攪拌混合橄欖油。

從調理盆周圍逐次少量地加入橄欖油,從外側往中央移動打蛋器來攪拌。

> 油的濃度高,所以請更加慎重且確實地拌勻。

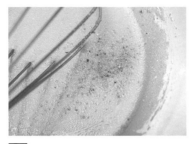

**5** 攪拌至滑順狀態。

待醬汁變得像乳化般滑順又濃稠後,將胡椒加入攪拌。

> 靜置片刻後,油會漂亮地分離。這是絕佳狀態。使用前只要再充分攪拌,就會恢復到滑順的狀態。

**6** 將葉類蔬菜泡水。

在調理盆中裝滿冰水,讓葉類蔬菜浸泡其中。

> 要特別注意不要泡水過度。如果讓吸飽水的蔬菜繼續吸水,葉尖會變黑而呈褐色,或是變得軟塌。我稱這種現象為「溺死」。

**7** 讓蔬菜吸水而變得清脆。

靜置2～3分鐘,待葉尖變得清脆後即完成浸泡。用手拿起蔬菜時若仍互相交纏,則再多浸泡一下。

**8** 用蔬菜脫水器瀝乾水分。

放入蔬菜脫水器中,蓋上蓋子輕柔地轉5圈。

> 大家切勿過度轉動蔬菜脫水器!只需甩掉表面不必要的水分即可。我希望能保留蔬菜內部的水分。

**9** 打開蓋子確認狀態。

打開蓋子一看,葉子因為離心力而飛散在四周。

**10** 撥散菜葉，再度瀝乾水分。

將菜葉撥散鋪平，蓋上蓋子再度輕柔地轉5圈，去除多餘的水分。

若在菜葉飛散於四周的狀態下轉動，只會造成脫水不均，因為有些已脫乾，但部分仍有水分殘留。所以要先將菜葉重新鋪好後，再次轉動脫水。

**11** 將油醋醬倒入調理盆中。

將**10**倒入調理盆中。**5**充分拌勻後順著調理盆四周淋入。

把油醋醬直接淋在蔬菜上這種粗魯的舉動絕對禁止！

**12** 將蔬菜與油醋醬拌一拌。

雙手探到調理盆底部，將蔬菜上下翻面仔細沾裹醬汁。

像是幫蔬菜穿洋裝般，動作要極度輕柔喔。

**13** 讓味道遍及整體直到葉尖。

用指尖輕輕將菜葉撥散，讓油醋醬遍布整體後即盛盤。

## CHEF's VOICE

大家常認為油醋醬是作為沙拉醬來運用，實際上它還可以充當主菜的醬汁，十分方便。比方說，淋在「速烹牛排」（➡p.20）這類烤得很樸實的牛肉上，酸味與香氣會恰到好處，讓牛肉嚼起來更津津有味。

# 討厭萵苣的谷主廚的終極沙拉

## 萵苣沙拉
Salade de laitue

我其實不喜歡萵苣，唯一願意品嚐的只有這道沙拉。用冰水讓萵苣變得爽脆，單純享用這份美好的口感。刀子切下脆脆的，入口一咬也脆脆的。清脆的口感正是其美味之處。

**材料（1～2人份）**

萵苣 …… **1顆**
傳統油醋醬（➡p.94）…… **適量**

**作法**

**1** 將萵苣的芯削薄。

芯部乾燥的話會無法吸水。請再觀察一下芯部，應該有鮮奶般的白色液體流出。鮮奶的法語是「le lait」，正是萵苣（laitue）的語源。

**2** 將萵苣整顆浸泡在冰水裡，冰鎮到變清脆為止。

**3** 讓芯朝上撈起來，徹底瀝乾水分後用廚房紙巾覆蓋吸水。

萵苣這種蔬菜不該將葉片拔開或撕碎後才冰鎮。若導致原有口感流失就無法挽救了。

**4** 縱切4等分後盛盤，淋上油醋醬。邊用刀叉切成大塊邊享用。

滑順的「泡沫」入口即化，頓時散發出蔬菜香氣

# 甜椒慕斯
Mousse de poivrons rouges

# 番茄慕斯
Mousse de tomates

## 攪拌時不要破壞滑順的氣泡

慕斯就是「泡沫」，口感正如其名，入口便頓時鬆軟滑順地化開，食材風味隨即擴散開來，這便是理想的成品。為了完成這樣的口感，我重視的有2點。

其一是鮮奶油的打發狀況。一開始先讓鮮奶油充滿大量氣泡，**打泡到一定程度後，緩緩移動打蛋器，讓氣泡穩定下來**。如此一來就不會打過頭，並呈現出滑順的口感。還有一個小細節是：打泡最好使用玻璃調理盆。用金屬調理盆有時會掉下極細微的碎片而釋出鐵味。其二則是和甜椒與番茄拌勻時，要避免消除鮮奶油的氣泡。**我希望能確實攪拌混合，但不想破壞泡沫**。必須從調理盆底部不斷往上，上下翻攪。

## 以微量的醋為番茄添味

一般市售番茄的酸味較低，用來結合鮮奶油的話，味道較不明顯。因此要用微量的醋來添味。只要在加熱時加入醋，原本模糊的味道會頓時變得立體，使味道的輪廓變得鮮明無比。此外，醋是釀造而成的，所以以加熱後多餘的酸味會揮發而形成鮮味。我在燉煮時若想稍微補強鮮味，也會使用醋，但是千萬不要過量。檸檬則是因為香氣太強烈，所以不適合。

**材料（方便製作的分量）**

**甜椒慕斯**

◎甜椒泥
（方便製作的分量，使用100g）
┌ 紅甜椒（230g）…… 2個
│ 吉利丁片 …… 8g
└ 鹽 …… 2g
鮮奶油（乳脂肪含量38%）…… 100g
鹽 …… 1g

**番茄慕斯**

◎番茄泥
（方便製作的分量，使用140g）
┌ 番茄 …… 300g
│ 紅酒醋 …… 5mℓ
│ 吉利丁片 …… 6.5g
└ 鹽 …… 2g
鮮奶油（乳脂肪含量38%）…… 100g
鹽 …… 1g

**1 製作甜椒泥。**

先將鐵網放到瓦斯爐上,再擺上甜椒以大火加熱,用直火烤到整體表面變得焦黑為止。

想釋放出甜椒的好滋味時,我會先烤過。沒烤過就無法帶出這份鬆軟溫熱的美味。

**2 去除甜椒的皮、籽與皮膜。**

將 1 沾水後一點不留地剝除外皮。去除蒂頭後一併去籽與白色皮膜。這個狀態下每個為135g,共計270g。

吉利丁片的用量請準備此重量的3%。這裡約8g。

**3 以果汁機攪打。**

以果汁機攪打,盡可能打至滑順狀態。可以的話轉動5～6次。

口感是慕斯的靈魂。我會讓果汁機盡量多轉幾次,打碎纖維讓粒子變細。此為製作要訣。

**4 用網目較細的濾勺過濾。**

將 3 倒入網目較細的濾勺中過濾,去除纖維等。

最理想的狀態是,即使不從上方按壓也能流暢地全部流下。在 3 中,果汁機若攪打不足,過濾時就會遲遲流不下來喔。

**5 用水將吉利丁片泡軟。**

在調理盆中備好冰水,將吉利丁片1片片放入。過程中更換2～3次冰水。

請不要好幾片吉利丁片一起放入,否則會黏在一起而造成軟硬不一。替吉利丁片換水以消除來自原料的豬腥味。

**6 製作慕斯基底。**

將 4 倒入鍋中以中火加熱,煮沸後用2g的鹽調味。用布巾擦拭 5 的吉利丁片後再放入。

我不希望加入多餘的水分,所以泡軟的吉利丁片一定要擦乾。

**7 攪拌吉利丁使其溶化。**

用木鏟攪拌吉利丁使其溶化,再度沸騰後要立刻熄火。

如果一直加熱,吉利丁的凝固力會減弱。

**8 用網目較細的濾勺過濾。**

將 7 倒入網目較細的濾勺中過濾,去除未完全溶化的吉利丁等。

**9 放入冷藏室冰鎮凝固。**

讓 8 底部墊著冰水,同時攪拌散熱。接著放入冷藏室冰鎮凝固。

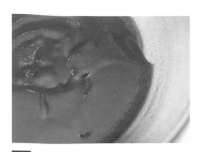

**10** 待凝固後才打發鮮奶油。

待 **9** 凝固後，將鮮奶油與1g的鹽倒入玻璃調理盆中，底部墊著冰水，打發使其飽含空氣。

**11** 打到八分發。

打發到一定程度後，感覺像是要擠破氣泡般緩緩地移動打蛋器，打至八分發。

> 最後收尾時，一邊仔細觀察鮮奶油的狀態一邊攪打，可防止過發，氣泡穩定後即可形成滑順的口感。

**12** 加入甜椒泥。

從 **10** 已經凝固的甜椒泥中取出100g，用微波爐加熱10～20秒左右，軟化後攪拌均勻再加入 **11** 中。

**13** 和鮮奶油攪拌混合。

從調理盆底部不斷往上翻攪拌勻。

> 不可壓破氣泡。只要有如上下翻面般翻攪就沒問題。

**14** 冰鎮凝固。

放入冷藏室冰鎮凝固。用湯匙舀起盛盤。

## Chef's voice

甜椒原本是產自中南美的蔬菜。傳到匈牙利後才改造成現在這種帶甜味的品種。從起源來看，在慕斯基底中添加甜椒粉來改變風味，也別有樂趣。亦可加入帶辣味的卡宴辣椒粉、辣得爽口的辣椒或埃斯普萊特辣椒粉，又或者盛盤後再撒上作為最後潤飾應該也不錯。

---

番茄慕斯的作法 　作法和甜椒慕斯基本上是同樣的。在此詳細介紹不同之處。

**1** 熬煮番茄。

番茄帶皮切成大塊狀，放入平底鍋中以中火熬煮，過程中加入紅酒醋。

**2** 完成熬煮。

熬煮成果醬狀，此狀態為220g。

> 吉利丁片的用量為此重量的3％。這裡約6.5g。

**3** ～ **14**

**3**～**11**的作法和甜椒慕斯一樣。在作法**12**取140g的番茄泥，用微波爐加熱10～20秒左右，軟化後攪拌均勻再加入**11**中，拌勻後即可冰鎮凝固。

奶油香煎料理之所以會失敗，就是因為用奶油來炒！
其實只需在最後收尾時沾裹奶油的香氣與鮮味即可

# 奶油香煎蘑菇洋蔥馬鈴薯

Sauté de pommes de terre, champignons et oignons au beurre

## 奶油香煎料理旨在「發揮奶油風味」

常聽人說「奶油香煎料理不好吃」。

**大家知道嗎？奶油香煎料理其實並非用奶油來煎炒。**先用沙拉油或橄欖油將食材確實炒熟後，收尾時再用奶油增添香氣與鮮味——這才是奶油香煎料理。我希望利用奶油的風味與鮮味讓食材吃起來更美味，然而奶油持續加熱會導致鮮味（乳清）漸漸燒焦。若在食材煮熟前就因為奶油燒焦而破壞了風味，可就本末倒置了呀。所以，我才會在最後收尾時才沾裹奶油。

在此是使用馬鈴薯、蘑菇與洋蔥這幾樣常用蔬菜。雖然不是餐廳會端出的料理，也沒什麼道理可言，但就是美味極了！這道蔬菜料理在自家餐桌上算是豐盛的。不僅如此，裡頭的每項食材都能單獨作為主菜的配菜。

## 3種食材分開炒好再結合

至此已經介紹過好幾次，「不同性質的食材个可以一起炒」，這道料理同樣運用了此法，**3種食材先各自炒好再結合起來。**

關鍵在於火候。**任一種食材都要用大火炒。**尤其是菇類，火候太小就會立刻釋出水分，也無法煎出美味的金黃色澤。馬鈴薯如果煎炒不足會導致外型崩散，味道也不可口；話雖如此，若花太多時間用小火加熱，反而會變成了燉馬鈴薯而喪失濕潤感。這些食材沒那麼容易燒焦，所以毫無顧忌地用大火煎炒正是烹調出美味的祕訣。蘆筍是奶油香煎料理的經典食材，亦可用同樣的方法製作，就會美味不已。

**材料（3～4人份）**

馬鈴薯 …… 4個（470g）
蘑菇 …… 14朵（240g）
洋蔥 …… 中型2個
沙拉油 …… 約50mℓ
初榨橄欖油 …… 40mℓ
奶油 …… 27g
鹽 …… 適量
胡椒 …… 少量

購買蘑菇時，請盡量挑選又大又雪白，從保鮮膜上捏起來十分硬實的產品。此外，菇蒂粗短的蘑菇很適合運用在香煎料理中。

**1** 將洋蔥的內外側分開。

剝除洋蔥外皮（➡p.124）後切半，分別縱切成3等分。用手撥開分成內側與外側2個部分。

**2** 統一切成相同大小。

將較大的外側部分縱切成3等分，統一切成大小幾乎一致的月牙狀。

希望大小盡量統一，以求均勻煎炒。只要將內側與外側分開來切，就能輕鬆切得漂亮。

**3** 將馬鈴薯切成月牙狀。

馬鈴薯徹底洗淨去除泥土後，帶皮縱切對半，再切成月牙狀。

無論採用哪種烹調法，馬鈴薯基本上都是帶皮料理。可以免於直接受熱而不易釋出水分，還能溫和地加熱。

**將蘑菇縱切對半。**

蘑菇菇蒂若有泥土沾附則須切除，再連同菇蒂一起縱切對半。

沾附在蘑菇菇蒂的泥土洗也洗不掉，所以索性切除。

**5** 煎煮馬鈴薯。

在平底鍋中倒入約50㎖的沙拉油，以大火加熱，晃動鍋子提升油溫。潤好鍋並升溫至約160℃後，將 **3** 放入。

油溫不能太低，否則會導致澱粉質釋出而容易沾黏，還會像在燉煮般變得油膩。

**6** 煎煮時讓下方布滿油。

前後移動平底鍋讓鍋面布滿油，進行煎炸。過程中若馬鈴薯沾黏則一一分開。

馬鈴薯的水分散發時會咻咻地冒泡，因此要邊煎邊仔細聽聲音。

**表面漸漸形成脆硬的外層。**

持續煎煮後，馬鈴薯表面會因水分流失而變硬，冒泡聲也會隨之降低。

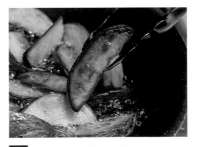

**8** 按壓表面進行確認。

冒泡聲減弱而轉為唰唰聲後，按壓表面進行確認。不帶黏性且變輕的話，表示已經熟透。

因為用大火煎炒，所以呈現外皮爽口而內部濕潤的狀態。如果火候太小會較費時，裡面還會乾巴巴的。

**9** 上色後即撈起。

只需觀察色澤，煎出美味的金黃色即完成。放進濾勺中瀝油。

請不要一心想均勻上色。這是不可能的。不均勻也是一種美味，所以不成問題。

**10 翻炒蘑菇。**

在 **9** 還熱騰騰的平底鍋中倒入1大匙的橄欖油，以大火加熱，將 **4** 倒入翻炒。蘑菇吸油後再補加1小匙橄欖油。

菇類都要用大火炒，而且不要一開始就使用大量的油。這是重點。否則會因為水分釋出而變得軟塌。

**11 補加橄欖油，另撒入鹽。**

蘑菇吸油而鍋裡無油後，補加1小匙橄欖油，另撒入2g的鹽拌炒。

鹽不易滲入馬鈴薯內，所以加熱過程中不撒鹽，但菇類與洋蔥要先加鹽調味。

**12 出現光澤即完成煎炒。**

煎炒的聲音轉為咻咻聲，蘑菇表面出現光澤即完成煎炒。

照片是蘑菇的水分適度流失後，味道變濃且香氣四溢的狀態。

**13 取出蘑菇放到馬鈴薯上。**

將 **12** 疊放在 **9** 的馬鈴薯上。

馬鈴薯會吸收菇類釋出的鮮甜水分，可以毫不浪費地運用所有美味要素。

**14 拌炒洋蔥並撒鹽。**

在 **13** 取出蘑菇且還熱騰騰的平底鍋中倒入1大匙的橄欖油，以大火加熱，將 **2** 放入後撒上2g的鹽。

**15 釋出甜味後，倒回2種食材。**

維持大火煎炒至微微上色後，試試味道。洋蔥會釋出甜味且辛辣味降低，趁還很多汁的時候將 **13** 全部倒回鍋中，輕輕拌炒混合。

洋蔥的拌炒狀態沒有標準答案。請大家依個人喜好變化。

**16 沾裹奶油。**

將奶油擺在 **15** 的上方，微微融化後，甩動平底鍋使其融入整體。

奶油會為這道料理增添香氣。最後利用奶油讓食材變得濕潤，說得極端一點的話，就是想像在燉煮般試著讓奶油裹勻整體。這才是奶油香煎料理。

**17 調味。**

扭轉1圈胡椒研磨器為整體添香，最後再用適量的鹽調味。

煎炒料理原則上都是最後才撒胡椒。

## Chef's voice

因為是生長在土裡的蔬菜與根菜的組合，光是淋上和這類作物很對味的松露醬，即可增添奢華感。倒進模具裡，撒上乳酪後再用烤箱烘烤，應該也很不錯。

葉片都裹滿油即完成煎炒。莖部捨棄不用

# 香煎菠菜

Épinards sautés
au beurre noisette

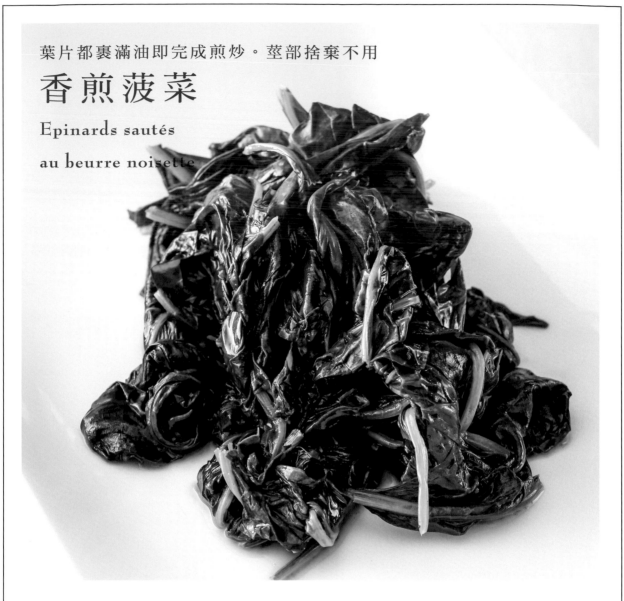

在此教大家香煎菠菜的方法，完成的成品吃起來真的美味無法擋。堅硬的莖、綠色的葉以及淺綠色嫩葉，1株菠菜大致分為這3個要素。這道菜**我也堅持「性質不同的食材不要一起加熱」的理念**。薄而易熟的葉子和較硬且纖維粗的莖，要一起煎炒本來就太勉強。**香煎料理僅使用綠葉。**讓菠菜快速裹滿添了榛果香的熱騰騰奶油，即完成煎炒！

煎炒時所用的奶油是榛果奶油（焦化奶油）。菠菜具備深邃的香氣與滋味，所以奶油的狀態必須清爽且兼具如堅果般深邃的香氣。只是讓奶油融化的話，風味過於溫和反而不對味。還有，**絕對不要使用胡椒**！會白白糟蹋菠菜的好味道。

---

**材料（2人份）**

菠菜 …… 21根
奶油 …… 30g
大蒜 …… 1大瓣
鹽 …… 1小撮

菠菜要直立起來收放在冷藏室裡。蔬菜採摘後仍充滿生命力，所以我會讓蔬菜恢復到生長時的狀態。倒臥保存的話，蔬菜會意圖恢復到原本的姿態而產生壓力，味道隨之變差。蘆筍也是一樣。

---

**準備**

先備好濾勺並疊放在調理盆上。

**1** 讓菠菜吸水。

清洗菠菜，讓根部泡水。待水遍及葉脈，葉尖豎起且舒展開來即完成浸泡。

如果菠菜帶泥沙，必須1根根分開來洗除泥沙。

**2** 將菠菜分成3部分。

先摘下淺綠色葉子，接著從葉腋處摘下深綠色葉子，與莖部分開。煎炒時只使用深綠色葉子。

淺綠色的小葉片軟嫩無力，不適合加熱。請運用在沙拉裡。莖部則汆燙製成涼拌小菜。

**3** 製作榛果奶油。

在平底鍋中放入奶油與大蒜，以中火加熱，不時轉動鍋子使其上色（➡p.56）。

「beurre noisette」就是「榛果奶油」的意思。奶油會轉為如榛果般的色澤與香氣。

**4** 過程中要加鹽。

一開始會冒出大泡泡，發出咻咻聲。加入一半的鹽來調味。

請仔細聆聽，奶油融化後會油水分離，其水分蒸散時便會發出這種聲音。細聽聲音的大小就能確認水分的蒸散狀況。

**5** 完成榛果奶油。

仔細觀察奶油的變化，持續繞圈晃動平底鍋。待泡泡變少、聲音安靜下來，且呈褐色狀即完成。

進行這項作業時請勿操之過急。因為我希望能慢慢煮乾奶油的水分，慢慢加熱蛋白質，煮出褐色的光澤。

**6** 放入菠菜。

榛果奶油完成後，立刻將 **2** 的深綠色葉子放入沾裹。

**7** 撒鹽並充分裹勻。

奶油覆滿整體後，將菠菜葉平鋪，撒入剩下的鹽，不斷攪拌融入整體。

雖然名為「香煎菠菜」，卻不必煎炒。抱著裹滿奶油後就算完成的心態。

**8** 瀝乾多餘的水分。

將 **7** 移放到事先備好的濾勺裡，瀝乾水分後即盛盤。

滴落在下方的水分帶有強烈澀味，根本無法入口。原因就在於菠菜所含的草酸成分。這些是多餘的，要瀝除。

---

### Chef's voice

在作法 **1** 中要避免泡水過度。當葉脈無法吸收全部的水時，葉尖會像要腐敗般變黑。我稱此現象為「溺死」，如果呈現這樣的狀態，請摘除黑色部分並捨棄。

也很推薦將這道香煎料理作為配菜，搭配煎烤的雞肉或豬肉等主菜。

這不是法國糖燉料理的基本作法。
我想傳授的是日本特有的烹調法

# 糖燉黃桃

Compote de pêches jaunes

## 唯有日本的美味水果才辦得到

　　日本的水果鮮甜多汁，直接吃也美味無比。所以我**使用適合生食的水果來製作糖燉水果時，不會採用主流的作法。**

　　追根溯源，最初就是為了讓生吃起來又酸又硬的法國水果變得好吃，才發展出糖燉這種充滿智慧的料理手法。透過不疾不徐地燉煮，提引出水果具備的潛在味道與香氣。法國每逢盛產期就會在家裡糖燉大量水果，製成保存食品。

　　但是這種思維不適用於日本可生食的水果。因為生食就很好吃，只不過稍微再加熱一下會更美味。所以我習慣**淋上熱騰騰的糖漿，藉著餘熱來加熱。**不直接加熱，也不延長保存期限，糖漿的甜度也很低。

　　此法套用在黃桃以外的水果也一樣，像洋梨、李子或無花果這類四季紛呈的水果，在我的餐廳裡也都是採用此法製成糖燉料理。

## 熟的會比生的更新鮮

　　那麼，採用此法和慢慢加熱的方法有何差異呢？這種糖燉水果不是生的，**卻比生的更加鮮甜多汁，更加香氣馥郁。**形容得再誇張一點就是：明明已經煮熟了，卻予人一種比生食更加新鮮的印象。

　　然而，可生食的水果如果酸味不足，我會在製作時添加檸檬來補足。如此可讓整體的味道更立體，同時還能達到定色的效果。接下來就介紹日本特有的糖燉作法吧！

**材料（4人份）**

黃桃 …… 2個

◎糖漿
┌ 水 …… 1.5ℓ
└ 細砂糖 …… 450g

檸檬 …… ½個

成熟的黃桃生吃很美味，但選用稍微再青澀一點的比較適合。除了黃桃，洋梨、李子或無花果等也是不錯的選擇。

前一天

**1 製作糖漿。**

將糖漿的材料倒入鍋中煮沸，邊攪拌使其完全溶化。

**2 從凹線下刀。**

清洗黃桃的果皮後，用左手輕柔地包覆果肉，菜刀從凹線（一條縱向的凹線）下刀。

桃子十分纖細。請勿放在砧板上作業或是用力緊握，以免果肉遭受壓力而變成褐色。

**3 刀刃朝上，輕敲刀尖。**

將菜刀上下顛倒過來，使刀刃朝上握刀。用左手輕壓桃子，僅刀尖處輕輕敲打砧板。

**4 桃子裂開成兩半。**

刀子會順勢切入，果肉從桃核的正中央裂開成兩半。

從凹線下刀，刀刃會剛好對齊桃核的接合線，如此即可毫無負擔地漂亮分割。

**5 刀尖劃入至桃核的下方。**

左手輕柔地包覆黃桃的果肉，用削皮刀的刀尖劃入桃核下方。

**6 將桃核取出。**

沿著桃核的外型移動削皮刀，將桃核取出。

**7 將糖漿注入桃子中。**

讓 6 挖出桃核凹槽那側朝上，並排在較深的塑膠容器中，再將 1 加熱後注入。

桃類果皮帶有香氣。為了活用這股香氣，要連同果皮一起浸泡。此外，要避免將糖漿直接往果肉上倒！

**8 加入檸檬汁。**

擠出檸檬汁加入 7 中，擠完的檸檬皮也放進去。

加檸檬的理由有2個，一是為了增添酸味使整體味道更立體，二是為了定色。

**9 用廚房紙巾加蓋。**

用廚房紙巾覆蓋作為蓋子，讓整體浸泡在糖漿裡。

**10** 排出凹槽內的空氣。

用手指從廚房紙巾上方按壓去除桃核後留下的凹槽，排出空氣。

讓整體浸泡在糖漿中，維持這樣的狀態非常重要。因為果肉接觸到空氣就會變色，所以要特別注意。在作法 **7** 讓挖除桃核的那側朝上並排也是這個緣故。

**11** 散熱後放入冷藏室漬泡。

在常溫下靜置不動，直到糖漿散熱後再放入冷藏室中漬泡1整天。

糖漿既是調味料也是「煮汁」，可溫和加熱黃桃。急用的話只要靜置3～4小時，雖然還有點生，但已經釋放出接近糖燉的風味。

**12** 剝皮。

用手輕柔地握住泡了一天的黃桃，以菜刀稍微翻起外皮，順勢一拉就能滑溜地剝除。盛盤後再淋上糖漿。

# 我心目中的糖燉料理

　　我餐廳的冷藏室裡就有珍藏的糖燉水果——紅酒燉半乾李子。

　　這種糖燉李子是選用從法國購入的半乾李子，碩大又漂亮，裝進保存瓶中注入煮沸的紅酒（卡本內蘇維翁），加蓋並散熱後，放進冷藏室保存備用。照片裡的是存放7年的李子。李子變得柔軟無比，彷彿要融化般，而從中一點一滴釋出的甜味與果膠則轉移到紅酒裡而變得濃稠，形成難以言喻的豐富滋味。隨著存放時間增長，滋味還會不斷變化，我認為這才是最原始的保存食物，才稱得上是糖燉料理。

　　其他像半乾無花果或杏桃也能用白酒如法炮製。選用夏多內白酒，或是該水果採收地所釀的白酒最為理想。

　　有些食材是像這樣靠時間打造出美味，有些則是將日本水果特有的新鮮美味發揮出來。大家明白符合食材性質的烹調方式有多麼重要了吧！

雞蛋的美味與滑順的口感在口中擴散開來，
是正統的傳統好滋味

# 巴伐利亞奶凍

Bavarois

---

## 巴伐利亞奶凍是
## 從香草蛋奶醬的製作中衍生出來的

在日本，大家對這道甜點都不陌生。「香草蛋奶醬」是巴伐利亞奶凍的材料，在點心製作上可說是「基本中的基本」。這種以蛋黃和鮮奶製成的正統滋味，也以卡士達奶油醬之名而為人所知。在此介紹的是傳統作法，將鮮奶油以及作為香精的香草甜香發揮得淋漓盡致。

製作這道點心時，**我最重視的應該是「仔細又快速」**。這會左右美味度。

## 無微不至的作業才能創造美味

**雞蛋的美味以及晃呀晃的滑順口感，都是巴伐利亞奶凍的醍醐味。**為此，仔細又準確地進行每一項作業是很重要的。以攪拌混合蛋黃與細砂糖的作業為例，不單只是攪拌，而是要確實讓蛋黃飽含氣泡。氣泡有隔熱效果，在下一項作業進行加熱時可讓材料慢慢煮熟。光是這樣就能讓香草蛋奶醬的味道為之一變。

拌入香草蛋奶醬裡的鮮奶油亦是如此。我希望能確實打發，但若過度打發又會導致巴伐利亞奶凍的口感變得乾巴巴的。因此一開始要大幅度攪動打蛋器來打入空氣，打發後則邊觀察狀態邊慢慢地小幅度攪動。如此便可預防過度打發。隨後再放入冷藏室靜置片刻，氣泡就會變得均勻而穩定。製作巴伐利亞奶凍時，一開始就先進行這項作業吧。

我介紹的是最簡樸的作法，所以請試著費點心思依個人喜好添加酒等材料。

**材料（6個份）**

◎香草蛋奶醬
- 蛋黃 …… 2顆
- 細砂糖 …… 60g
- 鮮奶 …… 250mℓ
- 鮮奶油（乳脂肪成分38%）…… 50g
- 香草莢 …… ½根

吉利丁片 …… 5g

鮮奶油（乳脂肪成分38%）…… 70g

**1 打發鮮奶油。**

在調理盆中倒入70g的鮮奶油,打發時底部要墊著冰水。一開始必須確實大幅度攪動打蛋器以便打入空氣,打發後改以小幅度攪動。

**2 完成打發。**

打到接近八分發即結束打發,在冷藏室靜置1小時左右。

製作巴伐利亞奶凍時,請先進行這項作業。

**3 將吉利丁片泡軟。**

將吉利丁片1片片放入冰水中泡軟。過程中更換2〜3次冰水。

若用常溫水,吉利丁片可能會溶化。此外,吉利丁萃取自動物,因此請多換幾次水來去除腥味。

**4 取出香草籽。**

製作香草蛋奶醬。在香草莢上縱向切出切口,用菜刀刀尖把籽刮下。

**5 帶出香草籽的香氣。**

用刀腹多次摩擦混合 4 與細砂糖,藉此帶出迷人香氣。

香草是蘭科植物,所以籽呈孢子囊狀。仔細壓碎來擴大表面積,即可釋放出香氣。這項作業很關鍵,千萬別漏了。

**6 充分攪打混合蛋黃與 5。**

在調理盆中倒入蛋黃,用打蛋器充分攪散,將 5 加入並攪拌混合直到顏色偏白為止。

確實讓蛋液飽含空氣吧!

**7 攪拌至顏色偏白為止。**

持續攪拌到氣泡變細且變得濃稠、顏色偏白為止。

進行這項作業時要特別仔細!

**8 讓香草的香氣轉移到鮮奶。**

將鮮奶以及作法 4 取籽後剩下的香草豆莢倒入鍋中煮沸。

目的是要煮沸鮮奶。在接下來的作業中,和 7 的蛋液混合後,溫度就不能超過80℃左右,否則會導致蛋白質凝固,因此鮮奶要先殺菌。

**9 攪拌混合蛋黃與鮮奶。**

將 8 逐次少量地慢慢加入 7 中,快速攪拌混合。香草豆莢不要放入。

不可將熱騰騰的鮮奶一口氣加進去。蛋黃的蛋白質可能會凝固而產生結塊。此外,加入後要快速攪拌以求維持均溫。

**10** 以小火炊煮。

將 **9** 倒回煮鮮奶的鍋子裡以小火加熱。邊用木鏟攪拌直到溫度升到82～84℃，此時會開始變得濃稠。

> 只要曾在 **7** 中讓蛋液飽含空氣，就能在此步驟慢慢煮熟蛋黃，形成滑順又濃稠的口感。

**11** 變濃稠後即完成炊煮。

用木鏟舀取蛋奶醬，當稠度為手指劃過留下的痕跡不會消失時，就可以離火。

**12** 攪拌吉利丁與鮮奶油。

將 **3** 的吉利丁徹底擰乾水分後加入 **11** 中，充分攪拌溶解。50g的鮮奶油也加入拌勻。

**13** 用網目較細的濾勺過濾。

將 **12** 倒入網目較細的濾勺中，僅使用自然滴落的蛋奶醬。

> 濾勺上會殘留少許蛋奶醬，但不要從上方用力按壓。若混入粗糙狀態的蛋奶醬會導致口感變差。

**14** 散熱。

攪拌散熱的同時，讓 **13** 的底部墊著冰水。

**15** 鮮奶油中拌入少量蛋奶醬。

在 **2** 打發的鮮奶油中加入少量 **14**，攪拌使其相融。反覆幾次此作業。

> 打發的鮮奶油和液態香草蛋奶醬這2種食材的硬度相差太多，不容易拌勻，所以先用少量香草蛋奶醬稍微稀釋鮮奶油。

**16** 將鮮奶油倒入蛋奶醬中。

當 **15** 的蛋奶醬與鮮奶油相融到一定程度後，倒入剩下的蛋奶醬中。

> 鮮奶油煞費苦心才打發，所以作業要迅速以免氣泡消失。

**17** 攪拌混合。

將刮刀滑入調理盆底部，不斷往上舀起，反覆上下翻動蛋奶醬徹底拌勻。

> 翻攪刮刀會壓破氣泡。以上下翻拌的方式拌勻蛋奶醬較不會破壞氣泡。

**18** 冷卻凝固。

將 **17** 倒入模具中，放入冷藏室冰鎮凝固。

> 倒入的蛋奶醬十分滑順。在這樣的狀態下凝固，即可完成口感絕佳的巴伐利亞奶凍。

可麗餅麵糊要確實攪拌帶出黏性。
雖然和常見的可麗餅不一樣，但各有千秋

# 橙汁可麗餅

Crêpes à l'orange

## 裹滿醬汁的可麗餅，輕薄卻有嚼勁

　　製作可麗餅時，一般都會使用低筋麵粉並且輕柔地攪拌以避免帶出黏性，最後再烤得鬆鬆軟軟。但是作為飯後甜點的醬燉型可麗餅卻完全相反。**使用的是高筋麵粉，還必須用力轉動攪拌**，盡可能帶出大量筋性（黏性）。這是因為最後要用醬汁燉煮，若可麗餅鬆鬆軟軟，在煮的過程中就會破掉。

　　製作的祕訣在於**先煎出輕薄卻有嚼勁的可麗餅，再用醬汁煮得軟呼呼**。醬汁也會熬出稠度，因此味道十分深邃，完成的好滋味能夠迅速安撫飯後的胃呢。

## 選用酸味和甜味都很濃郁的柳橙汁

　　坦白說，我很擅長煎可麗餅。說到餐廳甜點，「旁桌服務」在我年輕時還很常見，服務人員會將料理放在推車上，於客人坐席旁進行最後烹調。其中最代表性的甜點就是「橙香火焰可麗餅（Crêpe Suzette）」。這種甜點是在客人眼前使用柳橙汁、糖燉柳橙皮以及柳橙利口酒來燉煮事先煎好的可麗餅，而我那時曾在廚房煎可麗餅煎到幾乎厭煩。這裡介紹的就是這種既懷舊又富有新鮮感的美味甜點。我的材料沒有用到柳橙皮，所以不以「Suzette」命名，但如果各位手邊有的話請加進去一起煮。

　　柳橙汁是味道的關鍵，推薦使用酸味與甜味都很強烈且味道較濃郁的產品。我習慣用100％西班牙晚崙西亞橙果汁。

### 材料（4片份）

◎可麗餅餅皮
（8～9片的分量，使用4片）

- 高筋麵粉 …… 40g
- 雞蛋 …… 1個
- 細砂糖 …… 10g
- 鮮奶 …… 90㎖
- 奶油 …… 10g

◎柳橙醬
- 柳橙汁（100%果汁）
　　…… 300㎖
- 細砂糖 …… 10g
- 君度橙酒（利口酒）…… 20g
- 白蘭地 …… 20g
- 奶油 …… 15g

**1** 確實拌勻餅皮的材料。

輕輕攪散雞蛋，加入細砂糖拌勻。將高筋麵粉也加入，攪拌至確實出現黏性為止。

麵粉沒必要過篩。不須為了輕盈感而打入空氣，因為會徹底攪拌，所以也不會結塊。

**2** 攪拌到麵糊呈緞帶狀。

攪拌到用打蛋器撈起麵糊時，麵糊會緩緩流下疊成緞帶狀。

法語是用「ruban（帶狀物之意）」描述這種狀態。

**3** 拌入鮮奶，調整濃度。

將鮮奶加入**2**中，進一步確實攪拌。手指伸入撈起時，若還很扎實則太硬。用鮮奶（分量外）調整到撈起時手指形狀會迅速顯現的硬度為止。

**4** 拌入榛果奶油。

在小型平底鍋中放入奶油以中火加熱，一邊轉動鍋子一邊煮成褐色，製成榛果奶油（➡p.109）。拌入**3**中混合。

**5** 用濾勺過濾即完成麵糊。

將**4**倒入濾勺過濾，去除結塊等。濾完約120g。

**6** 開始煎可麗餅。

在小型平底鍋（直徑約12cm）中塗抹薄薄一層奶油（分量外）。用中大火充分加熱，再用湯杓倒入大量的**5**。

倒入麵糊的瞬間會發出啾啾聲，熱鍋到這個程度即可煎出漂亮紋路。

**7** 將多餘的麵糊倒回。

讓麵糊平鋪後立即將多餘的麵糊倒回調理盆中。已經凝固的部分要切除。

快速讓麵糊覆滿整個平底鍋，煎出又薄又漂亮的可麗餅。如果可麗餅太厚，之後會把醬汁全吸光。

**8** 邊緣略微上色後即翻起。

加熱到麵糊邊緣微微上色後，用抹刀翻起來。

**9** 翻面後快速煎煮。

用雙手捏住餅皮翻面，快速煎一下就立刻取出放入調理盤中。

之後會將這些可麗餅餅皮摺疊起來燉煮，所以多少有些小孔也無妨。用稍強的火候，很有節奏地一片接著一片煎煮吧。

**10** 剩下的麵糊也煎好摺疊。

重複 **6**～**9**，全部共煎出9片左右。摺疊成扇形，並排在調理盤中。

**11** 製作柳橙醬。

在小型平底鍋中倒入細砂糖加熱，轉動鍋子煮成焦糖狀。將奶油加入。

**12** 讓焦糖與奶油相融。

用湯匙攪拌使奶油融化，與焦糖交融成榛果色。

**13** 讓焦糖溶入果汁中。

將柳橙汁加入**12**中，攪拌鍋緣與鍋底，讓沾附在平底鍋上的焦糖溶入並拌勻。

**14** 燉煮可麗餅。

焦糖完全溶入後，放入3～4片的**10**，用大火保持在沸騰狀態來燉煮。燉煮過程中邊用湯匙澆淋醬汁。

**15** 完成燉煮前一刻的狀態。

可麗餅經過加熱而膨脹變大後，就差不多完成燉煮了。

必須確實煮到軟得一蹋糊塗才行，否則帶不出這種可麗餅的美味！

**16** 用利口酒添香。

將君度橙酒與白蘭地依序畫圈淋在**15**上，增添香氣。

所處空間如果較昏暗，倒入酒的瞬間就能看到點燃的火焰呢。

**17** 輕微燉煮。

待香氣融入整體後，可麗餅先盛盤。

**18** 熬煮醬汁。

將柳橙醬熬煮到約略剩下一半為止，變得濃稠後再淋在**17**上。

可飽嚐可可香氣的
巧克力飲品

# 熱巧克力

Chocolat chaud

　　這道甜點飲品的法語名稱是「溫熱巧克力」的意思。作法極為簡樸,只需讓巧克力溶入鮮奶即可,所以巧克力的挑選相對重要。

　　我會這麼說是因為,**熱巧克力最大的魅力就在於可可的香氣,以及散發香氣的方式**。這和熱可可有著決定性的差異。我使用的是苦味巧克力,可可成分含量為61%,是達到最佳平衡的基本款。亦可依個人喜好改用可可成分含量介於50～70%之間的巧克力,但是如果超過80%就會太苦,請再添加砂糖。牛奶巧克力的可可香氣較弱,所以不適用。

　　還有另一個關鍵。鮮奶煮沸後,先熄火再將巧克力加入攪拌,**利用餘熱使其溶化**。如果直接加熱,香氣會漸漸散失。巧克力是可以直接食用的,多餘的加熱反而會破壞美味度。

　　此外,如果不喜歡鮮奶味,就減少鮮奶改以水來稀釋補足,如果喜歡甜味就再加砂糖。依個人喜好增減來享用即可。

## 材料（2人份）

鮮奶 …… 200mℓ
苦味巧克力 …… 60g
蓽拔 …… ⅓條

使用法國可可含量61%的法芙娜特苦巧克力，其香氣異於其他巧克力。此外，顆粒不同或是會釋出黏性的他牌產品都不適用。蓽拔是一種香料，兼具類似胡椒的香氣與香草般的甜甜風味。依個人喜好使用肉桂、香草、黑胡椒、具清爽辣味的巴斯克辣椒、埃斯普萊特辣椒粉等，應該也不錯。亦可添加白蘭地。

### 1 剁碎巧克力。

用菜刀將苦味巧克力剁細。

　讓巧克力在加熱時能快速融化，避免可可香氣流失。

### 2 煮沸鮮奶，將 1 倒入。

在小鍋子裡倒入鮮奶以小火加熱，煮至沸騰即熄火，將 1 倒入。

### 3 快速攪拌使其溶化。

用打蛋器快速攪拌，讓巧克力完全溶化。

### 4 利用香料增添香氣。

巧克力溶化後，最後再刨削蓽拔來增添香氣。

　我在店裡會用濾茶網過濾後才送餐。濾除鮮奶凝固的蛋白質、酪蛋白或香料等，口感會變得十分滑順。

## 最後，傳授本書中實際應用到的烹飪前關鍵事項。

## 洋蔥的剝皮法

本書中有多道料理使用了洋蔥。因為是理所當然的食材，所以食譜裡都是從已剝除外皮的狀態開始說明，不過大家知道能漂亮又順利地剝除洋蔥皮的方法嗎？剝皮時確認食材的狀態也是非常重要的。

**1** 先剝除外皮。左手確實握住洋蔥，用削皮刀削起蒂頭。

**2** 直接拉著蒂頭順勢往近身側拉。反覆此動作。

**3** 仔細觀察尖頭部位的接合處，看看已經乾枯到哪個位置。改拿菜刀。

> 這個部位大多已經乾枯。洋蔥一旦乾枯，無論怎麼煮、怎麼煎都不會好吃。請在下個步驟毫不猶豫地切除。

**4** 切下尖頭部位並縱切對半，接著菜刀斜向切入，將已經乾枯的部位整個切除。

**5** 菜刀從蒂頭的兩側斜向切入，進一步將其他已經乾枯的部位也切除。

> 就算只有少許，如果美味的部位裡混進不美味的部位，豈不可惜。

## 番茄與甜椒的燒烤剝皮法

番茄皮就算加熱也不會變軟，留下來只會造成口感不佳，所以剝除外皮來使用是最基本的。隔水加熱是最常見的作法，但在家裡如果用量少，則建議用烤的。甜椒的皮烤過再剝會簡單許多，但是口感會變得鬆軟溫熱，所以如果想保留爽脆的口感不妨直接削除。

**番茄**

**1** 將叉子刺進蒂頭處，放在直火上邊烤邊轉動。皮很快就會裂開。

**2** 沾冷水後用削皮刀剝皮。

**甜椒**

將鐵網放在瓦斯爐上，擺好甜椒，用直火將整體烤至焦黑為止。沾冷水，輕撫剝除外皮。

## 茄子與櫛瓜的削皮法

茄子或櫛瓜的外皮必須削除，以便燉煮時能快速熟透。但是為了保留符合食材的色彩來提升色調，削皮時要間隔1～2cm縱向削除。我們常說「削成條紋狀」，就是從削好的外觀而來。

茄子和櫛瓜的削法一樣。切下蒂頭，再用削皮器從蒂頭那側一口氣縱向削皮。間隔1～2cm，依相同方式削皮。

## 青椒與甜椒的去皮膜法

青椒與甜椒的內部都有白色皮膜，不僅口感不佳，還是苦味的來源。尤其甜椒是特意改良成甜味的品種，所以最好將皮膜清除乾淨，以求發揮其甜味！

青椒縱切對半，去除蒂頭與籽後，用菜刀刀尖削掉皮膜。

將已剝除外皮的甜椒縱切對半，去除蒂頭與籽後，讓菜刀平放，一點不剩地削掉皮膜。

## 本書中使用的基本工具與調味料

### 【烹調工具】

● 如果沒有特別註明，表示使用的是美國「美亞廚具公司」Italian Red系列2的24cm平底鍋。如果各位有鐵氟龍平底鍋，使用手邊現有的即可。

### 【調味料】

● 鹽是使用乾爽的天然鹽「伯方鹽・烤鹽」。理由是因為味道很天然，而且我已經憑感覺記住用手抓1小撮就是1g，所以運用起來很方便。我在店裡每天早上都會用平底鍋乾煎鹽來去除水分。

● 奶油是使用無鹽款的「可爾必思（股）特選奶油」。奶油也是決定味道的調味料，所以依個人喜好嚴選出自己覺得美味的產品即可。

● 初榨橄欖油是使用「キヨエ（KIYOE）」的產品。未經過濾且無反式脂肪酸，這點深得我心，而且無論香氣還是味道都和我的料理很契合。想為料理增添香氣，或像調味料一樣不加熱直接入口的時候，就能派上用場。如果單純只是用來煎煮，沙拉油就夠了。

# 主要材料別索引

## 谷昇主廚的店
# 「Le Mange-Tout」之介紹

　　1994年在東京神樂坂的住宅街開張。自此往後的20餘年，以谷昇主廚精實的廚藝為後盾，持續追求「時下的料理」，成為一間炙手可熱的法式餐廳。一走進店裡，映入眼簾的就是開放式廚房。一邊看著以谷主廚為首的幾位廚師俐落的工作身影，一邊拾梯而上直達擺了14張餐桌的餐廳，迎面而來的是自開幕以來便是不可或缺的餐廳門面——店經理楠本典子女士。

　　料理皆為含括開胃小菜到甜點的主廚精選套餐。酒單也很充實，是以葡萄酒釀造廠「JOSMEYER」的酒款為主，谷主廚在法國亞爾薩斯修練時期曾受該廠不少關照。雖然是一家摩登餐廳，卻能在宛如受邀到住家般輕鬆自在的氛圍中度過豐富的時光。

---

## Le Mange-Tout

地址／東京都新宿区納戶町22
電話／03-3268-5911
營業時間／18:30～21:00（L.O.）
公休日／週日
http://www.le-mange-tout.com/
主廚精選套餐／17,820日圓
（含消費稅與服務費）
※此為2018年1月的資訊

---

Le Mange-Tout的成員

店經理／楠本典子
員工／大橋邦基、野水貴之、國長亮平、高橋里英

# 谷 昇

位在東京神樂坂的法式餐廳「Le Mange-Tout」的老闆兼主廚。1952年生於東京。曾在由 André Pachon 擔任主廚的「ILE DE FRANCE」餐廳以及亞爾薩斯三星級餐廳「Crocodile」等處不斷鑽研累積實力，後來成為六本木法式餐廳「Aux Six Arbres」的主廚。1994年開始經營「Le Mange-Tout」餐廳。長久以來，每月還會挑一天，前往町田調理師專門學校擔任講師，以其經驗為基礎的教學方式淺顯易懂且條理清楚，頗受好評。

日文版STAFF

攝影 ■ 日置武晴

設計 ■ 河內沙耶花（mogmog Inc.）

造型 ■ 岡田萬喜代

校對 ■ 株式會社圓水社

法語校對 ■ 高崎順子

編輯助理 ■ 河合寬子

編輯 ■ 原田敬子

Le Mange-Tout主廚親授
## 法式料理的美味指南
2018年3月1日初版第一刷發行

| | |
|---|---|
| 著　　　者 | 谷昇 |
| 譯　　　者 | 童小芳 |
| 編　　　輯 | 劉皓如 |
| 美術編輯 | 竇元玉 |
| 發 行 人 | 齋木祥行 |
| 發 行 所 | 台灣東販股份有限公司 |

　　　　　　＜地址＞台北市南京東路4段130號2F-1

　　　　　　＜電話＞(02)2577-8878

　　　　　　＜傳真＞(02)2577-8896

　　　　　　＜網址＞http://www.tohan.com.tw

郵撥帳號　1405049-4

法律顧問　蕭雄淋律師

總 經 銷　聯合發行股份有限公司

　　　　　　＜電話＞(02)2917-8022

香港總代理　萬里機構出版有限公司

　　　　　　＜電話＞2564-7511

　　　　　　＜傳真＞2565-5539

國家圖書館出版品預行編目資料

法式料理的美味指南：Le Mange-Tout主廚
親授 / 谷昇著；童小芳譯.
-- 初版. -- 臺北市：臺灣東販, 2018.03
128面；18.8×25.7公分
ISBN 978-986-475-595-0(平裝)

1.食譜 2.烹飪 3.法國

427.12　　　　　　　　　　　　106025034

"LE MANGE-TOUT" TANI NOBORU NO OISHII
RIYU FRENCH NO KIHON KANZEN RECIPE
© NOBORU TANI 2016
Originally published in Japan in 2016 by
SEKAI BUNKA PUBLISHING INC.
Chinese translation rights arranged through
TOHAN CORPORATION, TOKYO.